中等职业学校模具制造技术专业规划教材

数控加工技术与技能训练

主编 张 萍

参编 朱兴伟 钱 强

主审 王 猛

U0364215

中国铁道出版社
CHINA RAILWAY PUBLISHING HOUSE

内容简介

本书是中等职业学校模具设计与制造专业课程改革成果系列教材之一。根据教育部颁发的有关模具制造技术专业教学指导方案中的相关要求，并参照最新的职业技术标准及劳动部门颁发的中级工等级考核标准编写的项目化教材。

本书共分三篇：数控技术基础篇、数控车削操作技能训练篇和数控铣削操作技能训练篇。数控技术基础篇介绍了数控机床的组成、分类以及数控车削工艺与编程技术基础常识和数控铣削工艺与编程技术基础常识等内容，数控车削操作技能训练篇和数控铣削操作技能训练篇中的技能训练项目大多选自生产、教学实际，每个项目设有：项目要求、相关知识、项目实施、项目评价和项目总结等内容。各项目遵循学生的认知规律和技能形成规律，由浅入深，循序渐进的展开，力求达到"知识能裂变、技能可聚合"的人才培养效果。

本书作者本着"以服务为宗旨，以就业为导向，以能力为本位"的现代职业教育理念，密切联系生产实际，注重内容实用、图文并茂、通俗易懂、语言简洁流畅。

本书可作为中等职业学校模具制造技术专业及其有关专业的教学用书，也可作为相关行业的岗位培训教材或自学用书。

图书在版编目（CIP）数据

数控加工技术与技能训练 /张萍主编. —北京：
中国铁道出版社，2013.3
中等职业学校模具制造技术专业规划教材
ISBN 978-7-113-15943-6

Ⅰ．①数… Ⅱ．①张… Ⅲ．①数控机床－加工－中等专业学校－教材 Ⅳ．①TG659

中国版本图书馆 CIP 数据核字（2013）第 005587 号

书　　名：数控加工技术与技能训练
作　　者：张萍　主编

策　　划：陈　文　　　　　　　读者热线：400-668-0820
责任编辑：李中宝
编辑助理：赵文婕
封面设计：刘　颖
封面制作：白　雪
责任印制：李　佳

出版发行：中国铁道出版社(100054，北京市西城区右安门西街 8 号)
网　　址：http://www.51eds.com
印　　刷：北京新魏印刷厂
版　　次：2013 年 3 月第 1 版　　　2013 年 3 月第 1 次印刷
开　　本：787 mm×1 092 mm　　1/16　印张：11　字数：259 千
印　　数：1～3 000 册
书　　号：ISBN 978-7-113-15943-6
定　　价：22.00 元

版权所有　侵权必究

凡购买铁道版图书，如有印制质量问题，请与本社教材研究开发中心营销部联系调换。电话：(010)63550836
打击盗版举报电话：(010)63549504

序

　　我国的职业教育正处于各级政府十分重视、社会各界非常关注、改革创新不断深化、教学质量持续提高的最佳发展时期。

　　模具行业是制造业的基础，模具制造与应用的水平高低表征着国家制造业水平的高低，模具工业是机械制造的主要产业之一。振兴装备制造业、节能减排、提高生产质量和效率、实现经济增长方式转变和调整结构，都需要大力发展模具工业。近年来我国的模具工业增长速度很快，特别是汽车工业、电子信息产业、建材行业及机械制造业的高速发展，为模具工业提供了广阔的市场。

　　随着新技术、新材料、新工艺的不断涌现，促进了模具技术的不断进步，技术密集型的模具企业已广泛采用了现代机械加工技术、模具材料选用与处理技术、数控机床操作技术、CAD/CAM软件应用技术、模具钳工技术、快速成形技术、逆向工程技术等。企业对从业员工的知识、能力、素质要求在不断提高，既需要从事模具开发设计的高端人才，也需要大量从事数控机床操作、电加工设备操作、模具钳工操作等一线生产制造的高级技能型人才。现代企业对高素质模具制造工的需求十分强烈，模具制造高技能人才是当今职业院校毕业生高质量就业的热点，经济社会对高技能模具制造工的需求会持续增长。

　　由中国铁道出版社出版发行的《中等职业学校模具制造技术专业规划教材》就如是在职业教育教学深化改革的浪潮中迸发出来的一朵绚丽浪花，闪烁着"以就业为导向、以能力为本位"的现代职业教育思想光芒；体现了"以工作过程为导向"，"以学生为主体"，"在做中学、在评价中学"，"工学结合、校企合作"的技能型人才培养模式；实践了"专业基础理论课程综合化、技术类课程理实一体化、技能训练类课程项目化"的职业院校课程改革经验成果。本套系列教材的问世也充分反映出近年来职业教师能力的提升和师资队伍建设工作的丰硕成果。

　　在职业教育战线上的广大专业教师是职业教育改革的主力军，我们期待着有更多学有所长、实践经验丰富、有思想、善研究的一线专业教师积极投身到职业教育专业建设、课程改革的大潮中来，为切实提高职业教育教学质量，办人民满意的职业教育，编写出更多更好的实用专业教材，为职业教育更美好的明天做出贡献。

葛金印

2012 年 1 月

前 言

本书是中等职业学校模具设计与制造专业课程改革成果系列教材之一。由来自中等职业学校教学工作一线的专业带头人和骨干教师通过社会调研，并对人才市场反映出的技能型人才需求情况和相关课题进行分析和研究，在企业有关人员的积极参与下，研发了模具设计与制造专业的人才培养方案，在制定了专业核心课程标准的基础上，参照国家最新相关职业标准及有关岗位技术标准编写的。

《数控加工技术与技能训练》是中等职业学校模具制造技术专业的核心课程之一，本课程的开设旨在培养并形成中职学生的数控加工基础技能，并为达成本专业人才培养目标打下坚实的基础，是一门实践性、应用性很强的项目化课程。

本课程体现了职业教育"以就业为导向，以能力为本位"的办学方针，不仅强调职业岗位的实际要求，还注重了学生个人适应人才市场变化的需要，因此，本课程的设计兼顾了企业和个人两者的需求，着力推行"工学结合"的人才培养模式，以培养学生全面素质为出发点和落脚点，以提高学生综合职业能力为核心。

1. 教材编写特色

(1) 本课程的教学内容紧密围绕新的课程标准要求，以就业岗位的工作实际为依据，使教材内容与相关岗位技术标准相结合、实训教学过程与相应工作过程相结合。

(2) 精选项目。项目均来自生产、教学的实际，每个项目都合理设置了：项目要求、相关知识、项目实施、项目评价和项目总结等内容，符合"做中学"的教学要求。

(3) 本教材中涉及的数控机床配置均是企业普遍使用的通用装备及常用系统，其适应性、实用性、可操作性强。

(4) 本教材大量采用图表形式呈现相关内容，语言通俗易懂，简洁精练，适合学生自主学习，便于理解掌握。

2. 学时分配建议

本书参考学时数为 54 学时及 4 周专用实训教学，各部分推荐学时分配如下：

序号	名称	内容	学时
1	数控技术基础篇	第一章 数控机床简介 第二章 数控车削工艺与编程技术基础 第三章 数控铣削（加工中心）工艺与编程技术基础	54 h
2	数控车削操作技能训练篇	项目一 学会操作数控车床 项目二 加工阶台轴 项目三 加工螺纹轴1 项目四 加工螺纹轴2 项目五 加工传动轴1 项目六 加工传动轴2 项目七 加工传动轴3	2 w
3	数控铣削操作技能训练篇	项目一 学会操作数控铣床 项目二 加工凸台1 项目三 加工凸台2 项目四 钻扩孔加工 项目五 加工型腔1 项目六 加工型腔2 项目七 加工凹凸件1 项目八 加工凹凸件2	2 w
	合计	54学时＋4周专用实训教学	

说明：如专业方向明确，学时数也可向专业方向主干课程倾斜。例如，数控车专业方向可安排数控车3周、数控铣1周，反之亦然。

本书由无锡机电高等职业技术学校张萍副教授任主编，朱兴伟、钱强参与编写。全书由常州刘国钧高等职业技术学校王猛副教授主审，并由本套系列教材组编葛金印终审，他们对书稿提出了许多宝贵的修改意见和建议，提高了书的质量。在此一并表示衷心的感谢！

本书作为中等职业学校专业课程改革成果系列教材之一，在推广使用中，非常希望得到教学适用性反馈意见，以便进一步改进与完善。由于编者水平有限，书中难免存在疏漏和不足之处，敬请读者批评指正。

编者
2013 年 1 月

目　录

数控技术基础篇

数控车削操作技能训练篇

数控铣削操作技能训练篇

数控技术基础篇

第一章 数控机床简介

第一节 数控机床组成及特点

一、数控机床的产生

随着科学技术的发展和机械制造业对加工技术的要求日益提高，集电子技术、信息技术、光电技术、传感技术、机械技术于一体的数控机床应运而生。

数控机床是一种灵活、通用、高精度、高效率的自动化生产设备，数控机床的诞生与发展为单件、小批量、精密复杂零件的生产提供了自动化加工手段。1948 年，美国巴森兹（Parsons）公司在研制加工直升飞机叶片轮廓样板时提出了数控机床的初始设想，并于 1949 年与麻省理学院合作，开始了三坐标铣床的数控化工作。1952 年 3 月，世界上第一台可作直线插补的数控机床试制成功。此后，德国、英国、日本等相继开始研制数控机床。当今世界著名的数控系统生产厂家有日本的发那科（FANUC）公司、德国的西门子（SIEMENS）公司、美国的 A-BOSZA 公司等。1959 年，美国 Keaney&Treckre 公司成功地开发了具有刀库、刀具交换装置及回转工作台的数控机床，实现了在工件的一次装夹中可对工件多个面、多道工序的加工。

二、数控机床的基本概念

1. 数控

数控就是数字控制（numerical control，NC），是指采用数字信号来控制机械、电气及其他执行机构运动的一种控制方式。

2. 计算机数控

计算机数控（computerized numerical control，CNC）是指采用存储程序的专用计算机来实现部分或全部的基本数控功能。目前常用的数控机床一般为计算机数控。

3. 数控机床

数控机床（numerically controlled machine tool，CNC 机床），是指采用了数控技术的机床。数控机床是将加工过程所需的各种操作，例如，主轴变速、装夹工件、进刀与退刀、开车与停车、关闭冷却液等以及工件的形状尺寸用数字化的代码表示，通过控制介质将数字信息送入数控装置，数控装置对输入的信息进行处理与运算，发出各种控制信号，控制机床的伺服系统或其他驱动元件，使机床自动加工出所需要的工件。

4. 计算机数控系统

计算机数控系统是指数控机床的程序控制系统，包括输入输出装置、计算机数控装置、伺服系统等。

三、数控机床的组成

数控机床由输入输出装置、计算机数控装置（简称 CNC 装置）、伺服系统、测量反馈装置和机床本体等部分组成，如图 1-1-1 所示。其中的输入输出装置、CNC 装置、伺服系统等组成了计算机数控系统。

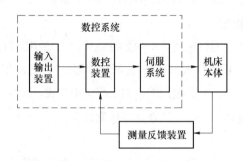

图 1-1-1 数控机床的组成

1. 输入输出装置

在数控机床上加工工件时，首先根据零件图样上的零件形状、尺寸和技术条件，确定加工工艺，然后编制出加工程序，程序通过输入装置，输送给机床数控系统，机床内存中的数控加工程序可以通过输出装置传出。输入输出装置是机床与外围设备的接口，常用的输入装置有软盘驱动器、RS-232C 串行通信口、MDI 方式等。

2. 计算机数控装置

计算机数控（CNC）装置是数控机床的核心，它接受输入装置送来的数字信息，经过控制软件和逻辑电路进行译码、运算和逻辑处理后，将各种指令信息输出给伺服系统，使设备按规定的动作执行。现在的 CNC 装置通常由一台通用或专用微型计算机构成。

3. 伺服系统

伺服系统是数控机床的执行部分，其作用是把来自 CNC 装置的脉冲信号（速度和位移指令）转换成机床执行部件的进给速度、方向和位移。每个进给运动的执行部件都有相应的伺服系统，伺服系统的精度及动态响应决定了数控机床的加工精度、表面质量和生产率。

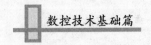

4. 测量反馈装置

测量反馈装置的作用是测量机床的实际运动并将机床执行部件的实际位移、速度和方向等运动信号反馈给计算机数控装置，使计算机数控装置与其发出的指令信号相比较，随时判断并发出消除机床执行部件运动误差的指令。

5. 机床本体

机床本体是数控机床的机械结构实体，主要包括主运动部件、进给运动部件（例如工作台和刀架）、支撑部件（例如床身和立柱等），此外还有冷却、润滑、转位部件，例如夹紧、换刀机械手等辅助装置。

四、数控机床的特点

与普通机床相比，数控机床具有以下特点：

1. 可以加工具有复杂型面的工件

在数控机床上加工工件，工件的形状主要取决于加工程序。因此只要能编写出程序，无论工件多么复杂都能加工。例如，采用五轴联动的数控机床，就能加工出螺旋桨的复杂空间曲面。

2. 加工精度高、质量稳定

数控机床本身的精度比普通机床高，一般数控机床的定位精度为 ±0.01 mm，重复定位精度为 ±0.005 mm，在加工过程中操作人员不参与操作，因此工件的加工精度全部由数控机床保证，消除了操作者的人为误差；又因为数控加工采用工序集中方式，减少了因工件多次装夹对加工精度的影响，所以工件的精度高、尺寸一致性好、质量稳定。

3. 生产效率高

数控机床可有效地减少工件的加工时间和辅助时间。数控机床主轴转速和进给量的调节范围大，允许机床进行大切削量的强力切削，从而有效地节省了加工时间。数控机床在加工复杂的工件时可以采用计算机自动编程，可将工件安装在简单的定位夹紧装置中，从而缩短了生产准备过程。尤其在使用加工中心时，工件只须一次装夹就能完成多道工序的连续加工，减少了半成品的周转时间，生产率的提高更为明显。此外，数控机床能进行重复性加工，尺寸一致性好，降低了次品率且节省了检验时间。

4. 改善劳动条件

使用数控机床加工工件时，操作者的主要任务是编辑程序、输入程序、装卸工件、准备刀具、观测加工状态、检验工件等，劳动强度大大降低，机床操作者的劳动趋于智力型工作。另外，数控机床一般是封闭式加工，既清洁，又安全。

5. 有利于现代化生产管理

使用数控机床加工工件，可预先精确估算出工件的加工时间，所使用的刀具、夹具可进行规范化、标准化、现代化管理。数控机床使用数字信号与标准代码作为控制信息，易于实现加工信息的标准化，目前已与计算机辅助设计与制造（CAD/CAM）技术有机地结合起来，成为现代集成制造技术的基础。

第二节 数控机床的分类

目前数控机床的品种数量很多，功能各异，通常可按下列方法进行分类。

一、按数控机床的工艺用途分类

1. 金属切削类数控机床

此类数控机床包括数控车床、数控铣床、数控镗床、数控磨床、加工中心等。

2. 金属成形类数控机床

此类数控机床包括数控板料折弯机、数控弯管机、数控冲床等。

3. 特种加工类数控机床

此类数控机床包括数控线切割机床、数控电火花加工机床、数控激光切割机等。

4. 其他数控机床

例如，数控火焰切割机、数控三坐标测量仪等。

二、按机床运动的控制轨迹分类

1. 点位控制数控机床

点位控制数控机床只要求控制机床的移动部件从某一位置移动到另外一位置的准确定位，对于两位置之间的运动轨迹不作严格要求，在移动过程中刀具不进行切削加工。为了实现既快又准的定位，常采用先快速移动，然后慢速趋近点位的方法来保证定位精度。

具有点位控制功能的数控机床有数控钻床、数控冲床、数控镗床、数控点焊机等。

2. 直线控制数控机床

直线控制数控机床的特点是除了控制点与点之间的准确定位外，还要保证两点之间移动的轨迹是一条与机床坐标轴平行的直线，因为这类数控机床在两点之间移动时要进行切削加工，所以对移动的速度也要进行控制。

具有直线控制功能的数控机床有数控车床、数控铣床、数控磨床等。单纯用于直线控制的数控机床目前不多见。

3. 轮廓控制数控机床

轮廓控制又称连续轨迹控制。轮廓控制数控机床能够对两个或两个以上运动坐标的位移及速度进行连续的控制，因而可以实现曲线或曲面的加工。

具有轮廓控制功能的数控机床有数控车床、数控铣床、加工中心等。

三、按数控系统的控制类型分类

1. 开环控制数控机床

开环控制数控系统是指不带反馈的控制系统，即系统没有位置反馈元件，通常用步进电动机或电液伺服电动机作为执行机构。开环控制数控系统原理如图 1-1-2 所示。

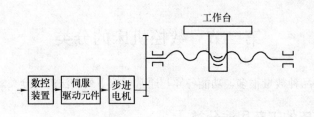

图 1-1-2　开环控制数控系统原理图

　　开环控制数控系统具有结构简单、系统稳定、容易调试、成本低等优点。但是系统对移动部件的误差没有补偿和校正，所以精度低。一般适用于经济型数控机床和旧机床数控化改造。

2. 半闭环控制数控机床

　　半闭环控制数控系统是在机械本体的丝杠上装有角位移测量装置（如感应同步器和光电编码器等），通过检测丝杠的转角间接地检测移动部件的位移，然后反馈到数控系统中，由于惯性较大的机床移动部件不包括在检测范围之内，因而称为半闭环控制系统。半闭环控制数控系统原理如图 1-1-3 所示。

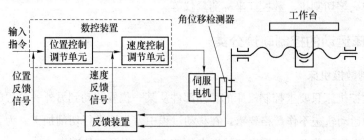

图 1-1-3　半闭环控制数控系统原理图

　　这种系统闭环环路不包括机械传动环节，因此可获得稳定的控制特性。而机械传动环节的误差可用补偿的方法消除，因此仍可获得较满意的加工精度。

3. 闭环控制数控机床

　　闭环控制数控系统是在机床移动部件上装有位置检测装置，将测量的结果直接反馈到数控装置中，与输入的位移指令进行比较，用偏差进行控制，使移动部件按照实际的要求运动，最终实现精确定位。闭环控制数控系统原理如图 1-1-4 所示。

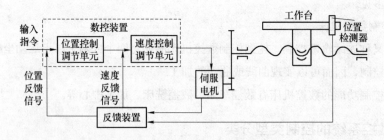

图 1-1-4　闭环控制数控系统原理图

　　闭环控制数控系统的定位精度高、调节速度快，但调试困难、不稳定、结构复杂并且成本高。

四、按控制联动的坐标轴数分类

1. 两轴联动数控机床

两轴联动是指数控装置能同时控制两个坐标轴的运动，即数控装置同时控制运动部件沿 X、Y 和 Z 三个坐标轴中的两个坐标方向运动，以实现对二维直线、斜线和圆弧的轨迹加工。

2. 两轴半联动数控机床

数控机床本身有 X、Y、Z 三个坐标轴，能做三个方向的运动，但控制装置只能控制数控机床同时做两个坐标轴的联动，而沿第三个坐标轴做等距周期移动。

3. 三轴联动数控机床

三轴联动是指数控装置能同时控制 X、Y、Z 三个直线坐标轴的运动，或控制 X、Y、Z 三个坐标轴中的两个直线坐标轴和一个旋转坐标轴的联动（绕 X、Y、Z 三个坐标轴中的某一直线坐标轴旋转称为旋转运动的坐标轴 A、B、C）。

4. 多轴联动数控机床

多轴联动是指数控装置同时控制三个以上坐标轴联动，即数控装置同时控制运动部件沿 X、Y、Z（直线坐标轴）和 A、B、C（旋转坐标轴）中的任意三个以上坐标轴联动，以实现对复杂曲面的轨迹加工。

一些早期的数控机床尽管具有三个坐标轴，但能够同时进行联动控制的可能只是其中两个坐标轴，则属于两坐标联动的三坐标机床。像这类机床就不能获得空间直线、空间螺旋线等复杂加工轨迹。要想加工复杂的曲面，只能采用在某平面内进行联动控制，第三轴作单独周期性进给的"两维半"加工方式。

第三节　数控系统简介

数控系统是数控机床的核心。数控机床根据功能和性能要求，配置不同的数控系统。系统不同，其指令代码也有差别，因此，应按所使用数控系统代码的编程规则进行编程。发那科（FANUC）、西门子（SIEMENS）、法格（FAGOR）、海德汉（HEIDENHAIN）、三菱（MITSUBISHI）等公司的数控系统及相关产品，在数控机床行业占据主导地位；我国数控产品以华中数控、广州数控为代表，也已将高性能数控系统产业化。下面简单介绍几个常见系统。

1. 西门子（SIEMENS）数控系统

西门子（SIEMENS）数控系统以优良的性能和较优的性价比在世界制造业装备中占有很高的地位，其在我国数控机床行业中也广泛应用。

（1）SINUMERIK 802S/C 系统。802S 和 802C 系统标准配置包具备了所有的必要组成单元：NC、PLC、操作面板、机床控制面板、输入输出单元及系统软件，并具有操作编程极其简单、免维护、性价比高等优点，是专门为低端数控市场开发的经济型 CNC 控制系统。

系统主要用于车床、铣床等，可控制三个数字进给轴和一个主轴；802S 适于步进电动机驱动；802C 适用于伺服电动机驱动，具有 I/O 接口。

（2）SINUMERIK 802D 系统。该系统属于中低档系统，其特点是全数字驱动、中文界面、结构简单、调试方便。具有免维护性能的 SINUMERIK 802D 核心部件——控制面板单元（PCU），具有 CNC、PLC、人机界面和通讯等功能，集成的 PPC 硬件可使用户非常容易地将控制系统安装在机床上。

该系统可控制四个数字进给轴和一个主轴，PLCI/O 模块具有图形式循环编程及车削、铣削、钻削工艺循环、FRAME（包括移动、旋转和缩放）等功能，为完成复杂加工任务提供系统控制。

（3）SINUMERIK 840D/810D 系统。840D/810D 是几乎同时推出的，具有非常高的系统一致性，显示/操作面板、机床操作面板、S7-300PLC、输入/输出模块、PLC 编程语言、数控系统操作、工件程序编程、参数设定、诊断、伺服驱动等许多部件均相同。属于功能强大、性能优良的数控系统。

2. 发那科（FANUC）数控系统

日本 FANUC 公司的数控系统具有高质量、高性能、全功能，适用于各种机床和生产机械的特点，在市场的占有率远远超过其他的数控系统，其优点主要体现在以下几个方面：

（1）系统在设计中大量采用模块化结构。这种结构易于拆装，各个控制板高度集成，增强可靠性，而且便于维修、更换。

（2）具有很强的抵抗恶劣环境影响的能力。其工作环境温度为 0～45 ℃，相对湿度为 75%。

（3）有较完善的保护措施。FANUC 数控系统对自身的系统采用比较好的保护电路。

（4）FANUC 数控系统所配置的系统软件具有比较齐全的基本功能和选项功能。对于一般的机床来说，其基本功能完全能满足使用要求。

（5）提供大量丰富的 PMC 信号和 PMC 功能指令。这些丰富的信号和编程指令便于用户编制机床的 PMC 控制程序，而且增加了编程的灵活性。

（6）具有很强的 DNC 功能。系统提供串行 RS232C 传输接口，使通用计算机和机床之间的数据传输能方便、可靠地进行，从而实现高速的 DNC 操作。

（7）提供丰富的维修报警和诊断功能。FANUC 数控系统维修手册为用户提供了大量的报警信息，并且以不同的类别进行分类。

FANUC 系统主要分为以下五个系统：

（1）高可靠性的 PowerMate 0 系列：用于控制 2 轴的小型车床，取代步进电动机的伺服系统；可配画面清晰、操作方便，中文显示的 CRT/MDI，也可配性能/价格比高的 DPL/MDI。

（2）普及型 CNC 0-D 系列：0-TD 用于车床；0-MD 用于铣床及小型加工中心；0-GCD 用于圆柱磨床；0-GSD 用于平面磨床；0-PD 用于冲床。

（3）全功能型的 0-C 系列：0-TC 用于通用车床、自动车床；0-MC 用于铣床、钻床、加工中心；0-GCC 用于内、外圆磨床；0-GSC 用于平面磨床；0-TTC 用于双刀架四轴车床。

（4）高性能/价格比的 0i 系列：配有整体软件功能包，可进行高速、高精度加工，并具有网络功能。0i-MB/MA 用于加工中心和铣床，四轴四联动；0i-TB/TA 用于车床，四轴两联动；0i-mate MA 用于铣床，三轴三联动；0i-mateTA 用于车床，两轴两联动。

（5）具有网络功能的超小型、超薄型 CNC 16i/18i/21i 系列：控制单元与 LCD 集成于一体，具有网络功能，超高速串行数据通讯。其中 FSl6i-MB 的插补、位置检测和伺服控制以纳米为单位。16i 最大可控八轴、六轴联动；18i 最大可控六轴、四轴联动；21i 最大可控四轴、四轴联动。

除此之外，还有实现机床个性化的 CNC 16/18 / 160/180 系列。

3. 华中数控系统

武汉华中数控股份有限公司是国内自主开发数控系统的龙头企业，是国家高新技术产业化基地。华中数控以"世纪星"系列数控系统为典型产品，HNC-21/22T 为车削系统，HNC-21/22M 为铣削系统，采用开放式体系结构，内置嵌入式工业 PC。

"世纪星"HNC21/22 系列配置主要有以下特点：

（1）基于工业 PC 的数控系统，先进的开放式体系结构，可与数控车、数控铣、加工中心、车铣复合等机床配套。

（2）有普及型（HNC-21）和功能型（HNC-22）两个系列，可配六个进给轴，最大联动轴数为六轴，进给轴控制接口类型有脉冲、模拟、串口等多种类型，可连接多种伺服电动机和步进电动机。既可用做半闭环，闭环控制，也可用做开环控制。

（3）系统配置 7.7 英寸彩色液晶显示器（分辨率为 640 像素×480 像素），也可配 10.4 英寸 TFT 彩色液晶显示器（分辨率为 640 像素×480 像素），画面美观，清晰、直观。

（4）可选配电子盘、硬盘、软驱、网络等存储器，极大地方便用户的程序输入。用户程序可断电存储容量达 16 MB。程序存储个数无限制，直至存储器写满。

（5）标准配置 40 路输入和 32 路输出，不需要扩展即可满足大部分车、铣和加工中心的控制要求，并可根据需要扩展到 128 路输入和 128 路输出。

（6）面板包括标准车、铣床操作按钮和状态指示灯，使用户操作直观明了，显示屏亮度具有手动和自动调节功能。

（7）DNC 接口通信功能，DNC 最大速度 115.2 KB/s；可选配局域网（以太网）连接功能，可实现数控机床联网。

（8）可灵活配置华中数控具有自主知识产权的数字伺服驱动和电动机、数字交流伺服主轴和主轴电动机。

第四节　数控加工技术发展趋势展望

一、数控加工技术发展方向

（1）高精度。现代机械产品的精度越来越高，零件精度由以前的 0.01 mm 数量级提高到 0.001 mm 数量级，促使数控加工向高精度发展。目前，数控机床的精度已到微米级，例如，普通级中等规格的加工中心的定位精度为±（0.15~3）μm/1 000 mm，重复定位精度为±0.5 μm。

（2）高速化。为进一步提高生产率和加工表面质量，数控加工向高速化方向发展已成为趋势。高速化不仅表现在主轴转速的提高，在工作台快速移动和进给速度上也不断提高，例如，加工时主轴转速超过 1 万转/min，工作台移动速度达 40~60 m/min。高速切削有利于减小机床振动，减少传入到零件的热量，减小热变形，提高加工质量。同时，还采用快速换刀及提高其他辅助动作的自动化程度，例如，快速自动定位夹紧，缩短托盘交换时间等。

（3）智能化。数控加工智能化趋势有两个方面：一方面是采用自适应控制技术，以提高加工质量和效率；另一方面是在现代数控机床上装备有各种监控和检测装置，对工件、刀具等进行监测，实时监视加工的全部过程，发现工件尺寸超差、刀具磨损或崩刃破损，便立即报警，并给予补偿或调换刀具。

（4）复合化。复合化加工是通过增加机床的功能，减少工件在加工过程中的装夹次数及对刀等辅助工艺时间，从而提高机床的生产率。

复合化加工还可减少辅助工序，减少夹具和加工机床数量，对降低整体加工和机床维护费用有利。

复合化加工有两重含义：一是工序和工艺集中，即在一台机床上一次装夹可完成多工序、多工种的任务，例如，数控车床向车削中心发展，加工中心向功能更多方向发展，五轴联动向五面加工发展等；二是指工艺的成套，即加工企业向复合型方向发展，为用户提供成套服务。

二、柔性制造系统

在现代生产中，为了满足多品种、小批量、产品更新换代周期快的要求，原来以单功能组成机床为主体的生产线，已不能适应机械制造业日益提出的要求，因而具有多功能和一定柔性的设备和生产系统相应出现，促使数控技术向更高层次发展。现代生产系统主要有柔性制造系统（flexible mamufacturing system，FMS）、柔性制造单元（flexible manufacturing cell，FMC）和计算机集成制造系统（computer integrated system，CIMS）。

1. 柔性制造系统（FMS）

柔性制造系统一般由加工系统、物流系统、信息流控制系统和辅助系统组成。

（1）加工系统。加工系统主要由数控机床、加工中心等设备组成。加工系统的功能是以任意顺序自动加工各种工件，并能自动更换工件和刀具。

（2）物流系统。物流是 FMS 中物料流动的总称。在 FMS 中流动的物料主要有工件、刀具、夹具、切屑及冷却液。物流系统是从 FMS 的进口到出口，实现对这些物料的自动识别、存储、分配、输送、交换和管理功能的系统。它包括自动运输小车、立体仓库、中央刀库等，主要完成刀具、工件的存储和运输。

（3）信息流控制系统。信息流控制系统是实现 FMS 加工过程和物料流动过程的控制、协调、调度、监测及管理的系统。它由计算机、工业控制机、可编程控制器、通信网络、数据库和相应的控制和管理软件等组成，它是 FMS 的神经中枢和命脉，也是各子系统之间的联系纽带。

（4）辅助系统。辅助系统包括清洗工作站、检验工作站、排屑设备、去毛刺设备等，这些工作和设备均在 FMS 控制器的控制下与加工系统、物流系统协调地工作，共同实现 FMS 功能。

FMS 适于加工形状复杂、精度适中、批量中等的零件。因为柔性制造系统中的所有设备均由计算机控制，所以改变加工对象时只需改变控制程序即可，这使得系统的柔性很大，特别能适应市场动态多变的需求，实现了全自动无人加工。

2. 柔性制造单元（FMC）

柔性制造单元可以被认为是小型的 FMS，它通常包括 1 或 2 台加工中心，再配以托盘库、自动托盘交换装置和小型刀库。图 1-1-5 所示为一典型的柔性制造单元。

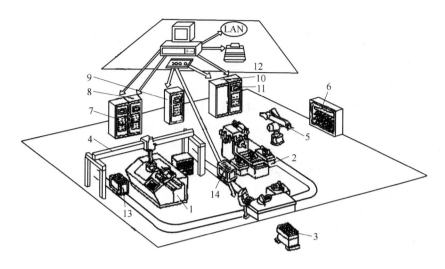

图 1-1-5 柔性制造单元

1—NC 车削中心；2— 加工中心；3—装卸工位；4—龙门式机械手；5—机器人；

6—加工中心控制器；7—车床数控装置；8—龙门式机械手控制器；9—小车控制器；

10—加工中心控制器；11—机器人控制器；12—单元控制器；13、14—运输小车。

因为 FMC 比 FMS 的复杂程度低、规模小、投资少、工作可靠，同时 FMC 还便于连成功能可以扩展的 FMS，所以 FMC 是 FMS 的发展方向，是一种很有前途的自动化制造形式。

三、计算机集成制造系统（CIMS）

计算机集成制造系统是以数控机床为基本单元的制造系统。它综合利用了 CAD、ACE、CAPP、CAM、FMS 及工厂自动化系统，实现了无人管理的机械加工。

CIMS 具有智能自动化的特征，是高技术密集化的成果，是管理科学、系统工程、信息技术和制造技术的综合集成应用。CIMS 是人们用新的概念和方法来经营和指导工厂的一种探索，力图对传统的制造业进行全面的技术改造，力求形成从市场调研、资源利用、生产决策、产品设计、工艺设计、制造和控制到经营和销售的良性循环，以提高机械制造业的经济效益和在多变的市场环境中的竞争力。数控技术是 CIMS 的基础技术之一，CIMS 系统也向数控技术提出了新的要求，要求开发面向 CIMS 系统的新一代 CNC—机器人控制（RC）技术，要求开发单元控制器技术以及面向 CIMS 系统的数控工作站等。

计算机集成制造系统（Computer Intergrated Manufacturing System，CIMS）的主要工作环节可分为以下几个部分。

1. 工作设计

设计过程主要包括 CAD、CAE、CAPP、CAM 等环节。CAD 包含设计过程中各个环节的数据，包括管理数据和检测数据，还包括产品设计开发的专家系统及设计中的仿真软件等。ACE 主要是对零件的机械应力、热应力等进行有限元分析及优化设计。ACPP 是根据 ACD 的数据自动制定合理的加工工艺过程。CAM 是根据 ACD 模型按 CAPP 要求生成刀具轨迹文件，并经后置处理转换成 NC 代码。CIMS 中最基本的是 CAD/CAE/CAPP/CAM 集成。

2. 加工制造

加工制造过程主要包括加工设备（数控机床）按工序选用运行、自动检测、工件搬运、自动仓储、工具管理单元、装备单元等。

3. 计算机辅助生产管理

计算机辅助生产管理主要包括制定年、月、周、日的生产计划，生产能力平衡以及进行财务、经济核算、仓库等各种管理，确定经营方向（包括市场预测及制定长期发展战略计划）。

4. 集成方法及技术

系统的集成方法必须有先进理论为指导，例如，系统理论、成组技术、集成技术、计算机网络等。

 思考练习

1. 数控机床由哪几部分组成？
2. 数控机床的特点有哪些？
3. 常用的数控系统有哪些？各有什么特点？

第二章 数控车削工艺与编程技术基础

第一节 数控车床与安全操作规程简介

一、数控车床的功能及结构特点

数控车床又称 CNC 车床，能自动地完成对轴类和盘类零件内外圆柱面、圆锥面、圆弧面、螺纹等切削加工，并能进行切槽、钻孔、扩孔和铰孔等。数控车床具有加工质量稳定性好、加工灵活、通用性强，能适应多品种、小批量生产自动化的要求，特别适合加工形状复杂的轴类或盘类零件。

常见的数控车床与普通卧式车床的结构形式类似，是由主轴箱、刀架、进给系统、床身以及液压、冷却、润滑系统等部分组成，只是数控车床的进给系统与普通卧式车床的进给系统在结构上存在着本质的差别。

普通卧式车床的进给运动是经过交换齿轮架、进给箱、溜板箱传到刀架实现纵向和横向进给运动的，而数控车床是采用伺服电动机经滚珠丝杠传到滑板和刀架上，以实现 Z 向（纵向）和 X 向（横向）的进给运动，其结构较普通卧式车床大为简化。

由于数控车床刀架的两个方向运动分别由两台伺服电动机驱动，所以它的传动链短，不必使用交换齿轮、光杠等传动部件。伺服电动机可以直挂，与丝杠连接带动刀架运动，也可以用同步齿形带联结。多功能数控车床一般采用直流或交流主轴控制单元来驱动主轴，按控制指令作无级变速运动，所以数控车床主轴箱内的结构也比卧式车床简单得多。

二、数控车床的分类

数控车床品种繁多，按数控系统的功能和机械构成可分为简易数控车床（经济型数控车床）、多功能数控车床和数控车削中心。

（1）简易数控车床（经济型数控车床）：是低档次数控车床，一般是用单板机或单片机进行控制，机械部分是在普通车床的基础上改进设计的。

（2）多功能数控车床：又称全功能型数控车床，由专门的数控系统控制，具备数控车床的各

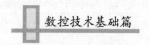

种结构特点。

（3）数控车削中心：在数控车床的基础上增加其他的附加坐标轴。

按结构和用途可将数控车床分为数控卧式车床、数控立式车床和数控专用车床（例如，数控凸轮车床、数控曲轴车床、数控丝杠车床等）。

三、数控车床的安全操作规程

为了正确合理地使用数控机床，减少其故障的发生率，操作人员必须按以下的机床操作规程进行操作：

1. 安全操作基本注意事项

（1）工作时，应穿好工作服、安全鞋，戴好工作帽及防护镜，不允许戴手套操作机床。

（2）不要移动或损坏安装在机床上的警示标牌。

（3）不要在机床周围放置障碍物，应保证工作空间足够大。

（4）某一项工作如果需要两人或多人共同完成时，应注意相互间的协调一致。

（5）不允许采用压缩空气清洗机床、电气柜及 NC 单元。

2. 工作前的准备工作

（1）机床开始工作前要预热，认真检查润滑系统工作是否正常，如果机床长时间未开动，可先采用手动方式向各部分供给润滑油进行润滑。

（2）使用的刀具应与机床允许的规格相符，有严重破损的刀具应及时更换。

（3）调整刀具时，所用工具不要遗忘在机床内。

（4）较大尺寸轴类零件的中心孔应大小合适。中心孔如果太小，工作中易发生危险。

（5）刀具安装好后应进行一、两次试切削。

（6）检查卡盘夹紧工件的状态。

（7）机床开动前，必须关好机床防护门。

3. 工作过程中的安全注意事项

（1）禁止用手接触刀尖和铁屑，铁屑必须要用铁钩子或毛刷来清理。

（2）禁止用手或其他任何方式接触正在旋转的主轴、工件或其他运动部位。

（3）禁止在加工过程中修改加工程序及变速，更不能用棉丝类物品擦试工件，也不能清扫机床。

（4）车床运转中，操作者不得离开岗位，车床发生异常现象时应立即停下车床。

（5）经常检查轴承温度，过高时应及时找有关人员进行检查。

（6）在加工过程中，不允许打开机床防护门。

（7）严格遵守岗位责任制，机床由专人负责使用，他人使用必须经专用人同意。

（8）工件伸出车床 100 mm 以外时，须在伸出位置设置防护物。

4. 工作完成后的注意事项

（1）清除切屑、擦拭机床，使机床与环境保持清洁状态。

（2）注意检查或更换已磨损坏的车床导轨上的油擦板。

（3）经常检查润滑油、切削液的状态，及时添加或更换。

（4）依次关掉机床操作面板上的电源和总电源。

第二节 数控车削刀具的选用

数控加工对刀具的要求较高，不仅要求其刚性好、精度高，而且要求尺寸稳定、耐用度高、断屑和排屑性能好；同时要求安装调整方便，以满足数控机床高效率的要求。数控机床上所选用的刀具常采用适应高速切削的刀具材料（例如高速钢、硬质合金），并使用可转位刀片。

数控车床刀具种类繁多，功能各不相同。根据不同的加工对象和内容正确选择刀具是编制程序的重要环节，因此必须对常用车刀的种类及特点有一个基本的了解。

目前数控车床用刀具的主流是可转位刀片的机夹刀具。下面对可转位刀片的机夹式刀具作简要的介绍。

1. 数控车床用机夹式刀具的特点

数控车床所采用的机夹式车刀，其几何参数是通过刀片结构形状和刀体上刀片槽座的方位安装组合形成的，与通用车刀相比一般无本质的区别，其基本结构、功能特点是相同的。但数控车床的加工工序是自动完成的，因此对可转位车刀的要求又有别于通用车床所使用的刀具，具体要求和特点如表 1-2-1 所示。

表 1-2-1 可转位刀片机夹车刀特点

性能要求	结 构 特 点	使 用 效 果
精度高	采用 M 级或更高精度等级的刀片；多采用精密级的刀杆；用带微调装置的刀杆在机外预调好	保证刀片重复定位精度，方便坐标设定，保证刀尖位置精度
可靠性高	采用断屑可靠性高的断屑槽型或有断屑台和断屑器的车刀；采用结构可靠的车刀，采用复合式夹紧结构和夹紧可靠的其他结构	断屑稳定，不能有紊乱和带状切屑；适应刀架快速移动和换位以及整个自动切削过程中夹紧，不得有松动的要求
换刀迅速	采用车削工具系统；采用快换小刀夹	迅速更换不同形式的切削部件，完成多种切削加工，提高生产效率
刀片材料	采用车削工具系统；采用快换小刀夹	满足生产节拍要求，提高加工效率
刀杆截形	刀杆较多采用正方形刀杆，但因刀架系统结构差异大，有的需采用专用刀杆	刀杆与刀架系统匹配

2. 机夹式车刀的种类

可转位刀片的机夹式车刀按其用途可分为外圆车刀、仿形车刀、端面车刀、内圆车刀、切槽车刀、切断车刀和螺纹车刀等，如表 1-2-2 所示。

表 1-2-2 机夹式车刀的种类

类 型	刀 具 图	主 偏 角	适 用 车 床
外圆车刀	 外圆车刀 35°刀片的外圆车刀	90°、50°、60°、75°、45°	普通车床和数控车床

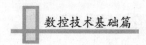

类 型	刀 具 图	主 偏 角	适用车床
端面车刀		90°、45°、75°	普通车床和 数控车床
内圆车刀		45°、60°、75°、90°、 91°、93°、95°、107.5°	普通车床和 数控车床
切断车刀		——	普通车床和 数控车床
螺纹车刀	外螺纹车刀 内螺纹车刀	——	普通车床和 数控车床
内沟槽车刀		——	普通车床和 数控车床
圆弧车刀		——	普通车床和 数控车床

第三节　数控车削加工工艺基础

数控车削加工工艺包括零件图的识读、加工工艺的分析、车削加工方案的拟定、刀具及切削用量的选择、加工工艺文件的编制等步骤。

一、零件图样的识读

识读零件图样的主要内容是零件结构、几何要素、技术要求等，为工艺方案制定提供依据。

1. 零件结构的识读

识读机械图样时，首先看清零件的基本结构组成，明白要加工零件的形状特征。正确识读图样是做好后续工作的基础。

2. 几何要素的识读

分析几何要素，主要是对构成零件轮廓的所有几何元素的给定条件进行识读、分析。

由于手工编程需要计算每个节点的坐标，自动编程需要对零件轮廓的几何要素进行定义，因此对于零件图样上出现构成加工轮廓的给定条件等几何要素必须识读清楚。

3. 技术要求的识读

技术要求识读的主要包括以下内容：

（1）零件精度与各项技术要求是否齐全。

（2）分析工序中的数控加工精度能否达到图样要求，注意给后续工序留有足够的加工余量。

（3）找出零件加工精度要求高的表面，分析表面精度要求，选择合理的工艺方案、加工路线和切削用量。

（4）找出零件图样中有较高位置精度要求的表面，确定工件定位方式，尽量安排这些表面在一次安装下完成；不能安排在一次装夹中完成的有位置精度要求的表面，应当采取合理的二次装夹、定位措施。

（5）对于直径变化大、表面质量要求较高的表面或对称表面，尽量使用"恒线速"功能进行切削加工，保证加工表面质量均匀、一致。

二、数控车床切削用量的选择

数控车床加工中的切削用量包括主轴转速或切削速度、进给速度或进给量及背吃刀量。切削用量的选择是否合理，对切削力、刀具磨损、加工质量和加工成本均有显著影响，数控加工中选择切削用量时，就是在保证加工质量和刀具耐用度的前提下，充分发挥机床性能和刀具切削性能，使切削效率达到最高，加工成本降至最低。因此，切削用量的大小应根据加工方法合理选择，并在编程时，将加工的切削用量数值编入程序中。

切削用量的选择原则：粗加工时，一般以提高生产效率为主，兼顾经济性和加工成本；半精加工和精加工时，应在保证加工质量的前提下，兼顾切削效率、经济性和加工成本。具体数值应根据机床说明书、切削用量手册，并结合经验而定。粗、精加工时切削用量的选择方法如下：

（1）粗加工时切削用量的选择：首先选取尽可能大的切削用量数值；其次根据机床动力和刚性等，选取尽可能大的进给速度（进给量）；最后根据刀具耐用度确定主轴转速（切削速度）。

（2）半精加工和精加工时切削用量的选择：首先根据粗加工后的余量确定背吃刀量；其次根据已加工表面的粗糙度要求，选取较小的进给速度（进给量）；最后在保证刀具耐用度的前提下，尽可能选取较高的主轴转速（切削速度）。

1. 主轴转速的确定

主轴转速应根据被加工表面的直径和允许的切削速度经计算来确定，其中切削速度可通过计算或查表选取，也可按实践经验确定。主轴转速（r/min）的计算公式为

$$n = 1\,000v_c/\pi d$$

式中　v_c——切削速度，m/min；

　　　d——被加工表面直径，mm。

在螺纹切削时，主轴转速受螺距（或导程）大小、驱动电动机的矩频特性及螺纹插补运算速度等因素的影响，不同的数控系统，可选择不同的主轴转速。对于大多数数控车床，可按下列公式计算主轴转速：

$$n \leqslant 1\,200/P - k$$

式中　P——螺纹螺距，mm；

　　　k——保险系数，一般为80。

2. 进给速度的确定

进给速度是指在单位时间内，刀具沿进给方向移动的距离，单位为mm/min。在数控车床编程中，较多的用进给量（mm/r）表示进给速度。

进给速度的选择主要根据零件的表面粗糙度、加工精度要求、刀具及工件材料等因素，参考切削用量手册进行选取。在加工过程中，进给速度还可通过控制面板上的进给速度修调开关进行实时调整，但最大进给速度要受到设备刚度和进给系统性能等因素的限制。进给速度的选择原则如下：

（1）在能满足工件加工质量要求的情况下，可选择较高的进给速度。

（2）当切断、车削深孔及精车时，宜选择较低的进给速度。

（3）当刀具空行程时，可以选择尽量高的进给速度。

（4）进给速度还应与主轴转速、背吃刀量相适应。

3. 背吃刀量的确定

背吃刀量应在机床、工件和刀具刚度允许的情况下根据加工余量确定。加工时，应尽可能取大的背吃刀量，以减少走刀次数，提高生产率。当余量较大或机床刚性不足时，可采取分层切削余量，各次的余量按递减原则确定。当零件的精度要求较高时，应进行半精加工，余量取0.5～1 mm，精加工余量取0.2～0.5 mm。

三、数控车削工艺一般原则

数控车削加工方案的制定，一般按照"先粗后精，先近后远，先内后外，基面先行和走刀路线最短"的原则来进行。

（1）先粗后精。为了提高生产效率和保证零件加工质量，在安排工艺方案时，应首先进行粗加工，以尽量短的时间，把大部分多余的金属层去除，提高生产效率，为后面的精加工提供良好的尺寸精度、几何精度和表面粗糙度。

精加工是零件加工表面的尺寸精度、几何精度、表面粗糙度的决定性加工工序，只有在经过

粗加工（有些表面还需要安排半精加工）后，才能保证零件的高精度和表面粗糙度要求。

（2）先近后远。先加工距离刀具较近的加工表面，然后加工距离较远的表面，减少刀具空行程，提高生产效率。同时还有利于保证毛坯和半成品的刚性。

（3）先内后外。对于有内孔和外圆表面的零件加工，通常先加工内孔，后加工外圆。因内表面加工散热条件较差，为防止热变形对加工精度的影响，应先安排加工。

（4）基面先行。基面先行是指先加工用于精基准的表面，以减少后续工序的装夹误差。

（5）走刀路线最短。走刀路线包括切削加工路线和空行程路线两部分，空行程路线应尽量选取最短的线路。数控加工时，粗加工路线一般由数控系统根据给定的精加工路线自动计算，精加工时的加工路线一般按零件轮廓进行。

四、数控车削工艺文件的编制

编制数控加工工艺文件是数控加工工艺设计的主要内容之一。数控加工技术文件主要有零件图样、数控加工工序卡、数控加工走刀路线图、数控刀具卡、数控程序单等。不同的机床或不同的加工目的可能会需要不同形式的数控加工专用技术文件。

1. 数控加工工序卡

数控加工工序卡样式如表 1-2-3 所示。

表 1-2-3　数控加工工序卡

数控加工工序卡		产品名称		项目名称		零件图号	
工序号	程序编号	夹具名称		使用设备		车间	
工步	工步内容	刀具号	主轴转速 n /(r/min)	进给量 f /(mm/r)	背吃刀量 a_p/mm	备注	
编制		审核		批准		共1页	第1页

2. 数控刀具卡

数控刀具卡样式如表 1-2-4 所示。

表 1-2-4　数控刀具卡

序号	刀具号	刀具类型	加工表面	切削用量	
				主轴转速 n /(r/min)	进给量 f /(mm/r)

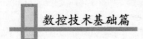

序号	刀具号	刀具类型	加工表面	切削用量	
				主轴转速 n /(r/min)	进给量 f /(mm/r)
编制		审核		批准	

3. 数控加工程序单

数控加工程序单如表 1-2-5 所示。

表 1-2-5　数控加工程序单

项目序号		项目名称		编程原点	
程序号		数控系统		编制	
程序内容			简要说明		

五、数控车削典型案例

典型螺纹轴类零件如图 1-2-1 所示。零件材料为 45 钢，毛坯为 $\phi50 \times 120$ mm，试对该零件进行数控车削工艺分析。

1. 零件图工艺分析

该零件主要有圆柱面、圆锥面，沟槽及螺纹等表面组成。该零件尺寸标注完整，零件材料为 45 钢，无热处理和硬度要求。

2. 确定零件定位基准

选定零件坯料轴线和左大端面为定位基准。

3. 确定装夹方案

左端采用三爪自定心卡盘夹紧，右端采用活络顶尖支承的装夹方案。

4. 确定加工顺序

根据车削加工的特点，加工顺序按由粗到精、由近到远的原则确定，即先从右到左进行粗

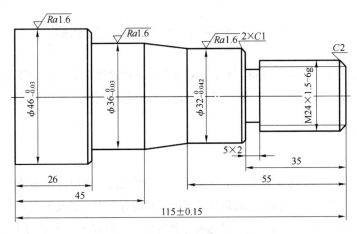

图 1-2-1　螺纹轴

车，留精车余量，然后从右到左进行精车，最后车削螺纹。

5. 刀具选择及切削用量

刀具选择及切削用量选择如表 1-2-6 所示。

表 1-2-6　数控刀具卡片

序号	刀具号	刀具类型	加工表面	切削用量	
				主轴转速 n /(r/mmin)	进给量 f /(mm/r)
1	T0101	90°粗外圆车刀	外轮廓	500	0.3
2	T0202	35°精外圆车刀	外轮廓	1 000	0.1
3	T0303	切槽刀	沟槽	350	0.05
4	T0404	外螺纹刀	螺纹	1 000	1.5
编制		审核		批准	

6. 填写数控加工工艺卡

数控加工工艺卡片如表 1-2-7 所示。

表 1-2-7　数控加工工艺卡片

数控加工工序卡		产品名称	项目名称	零件图号	
工序号	程序编号	夹具名称	使用设备	车间	
		三爪自定义卡盘	数控车（CKA6136）	数控实训中心	
工步	工步内容	刀具号	主轴转速 n /(r/min)	进给量 f /(mm/r)	背吃刀量 a_p/mm	备注
1	粗车工件外轮廓	T0101	500	0.3	2	
2	精车工件外轮廓	T0202	1 000	0.1	0.5	
3	切槽	T0303	350	0.05		
4	车外螺纹	T0404	1 000	1.5		
编制		审核		批准	共1页	第1页

第四节　数控车削编程技术基础

数控车床的主要功能一般由准备功能、辅助功能、进给速度功能、主轴转速功能、刀具功能等组成。本书以 FANUC 0i Mate-TB 数控系统为例，介绍数控车削数控加工程序的编制。

一、编程中的有关规定

1. 数控车床坐标系

数控车床坐标系分为机床坐标系和工件坐标系。根据规定，无论使用哪种坐标系，都规定车床主轴轴线方向为坐标系的 Z 轴，且规定从卡盘至尾座的方向为 Z 轴正方向；在水平面内与车床主轴轴线垂直的方向为 X 轴，且规定刀具远离主轴旋转中心的方向为 X 轴的正方向。

2. 数控车床的编程方式

数控车床的编程方式目标直径编程、半径编程、绝对编程和相对编程。

（1）直径编程和半径编程。数控车床加工的是回转体类零件，其横截面为圆形，所以尺寸有直径指定和半径指定两种方法：当用直径值编程时，称为直径编程法；当用半径值编程时，则称为半径编程法。

数控车床出厂时一般设定为直径编程。如果要用半径编程，需要改变系统中相关参数，使系统处于半径编程状态。本书中如果没有特殊说明，均为直径编程。

（2）绝对编程和相对编程。FANUC 0i 系统的数控车床常采用地址符 X、Z 指定绝对坐标，U、W 指定增量坐标。此外，数控车床还可以采用混合编程，即在同一程序段中绝对尺寸和增量尺寸可以混用，例如 G01 X50 W2。

二、数控车床控制系统的基本功能

一般机床数控系统的基本功能包括准备功能（G功能）、辅助功能（M功能）和进给功能（F功能）、刀具功能（T功能）和主轴功能（S功能）。

1. 准备功能（G功能）

数控（CNC）车床控制系统的准备功能（G功能）与铣镗类控制系统的准备功能略有区别。表 1-2-8 所示为 FANUC 0i 系统 CNC 车床的准备功能 G 代码表。

表 1-2-8　FANUC 0i 系统常用 G 功能

G 代码	功能	G 代码	功能
G00	点定位（快速移动）	G65	宏程序
G01	直线插补（切削进给）	G70	精加工循环
G02	圆弧插补（顺时针）	G71	外圆粗车循环
G03	圆弧插补（逆时针）	G72	端面粗车循环
G04	暂停，准停	G73	封闭切削循环
G20	英制输入（单位 in）	G74	端面深孔加工循环
G21	公制输入（单位 mm）	G75	外圆、内孔切槽循环

G 代码	功能	G 代码	功能
G28	返回参考点	G76	复合型螺纹切削循环
G32	螺纹切削	G90	外圆、内圆车削循环
G33	攻丝循环	G92	螺纹切削循环
G34	变螺距螺纹切削	G94	端面切削循环
G40	取消刀具半径补偿	G96	恒线速开
G41	刀具半径左补偿	G97	恒线速关
G42	刀具半径右补偿	G98	每分钟进给
G50	坐标系设定/最高主轴转速	G99	每转进给

注：在同一个程序段中可以指令几个不同的 G 代码，如果在同一个程序段中指令了两个以上的同组 G 代码时，后一个 G 代码有效。

2. 辅助功能（M功能）

CNC 车床辅助功能，是用来指令机床辅助动作的一种功能。它由地址 M 及其后的两位数字组成。辅助功能也称 M 功能和 M 代码。

FANUC 0i 数控车床常用的 M 功能指令如表 1-2-9 所示。

表 1-2-9 FANUC 0i 系统常用 M 功能

M 代码	功能	M 代码	功能
M00	程序停止	M08	切削液开启
M01	程序选择性停止	M09	切削液关闭
M02	程序结束	M30	程序结束，返回开头
M03	主轴正转	M98	调用子程序
M04	主轴反转	M99	子程序结束
M05	主轴停止		

3. F、S、T 功能

（1）F 功能。用来指定进给速度，由地址 F 和其后面的数字组成。

在含有 G99 程序段后面，再遇到 F 指令时，则认为 F 所指定的进给速度单位为 mm/r。系统开机状态为 G99，只有输入 G98 指令后，G99 才被取消。而 G98 为每分钟进给，单位为 mm/min。

（2）S 功能。用来指定主轴转速或速度，用地址 S 和其后的数字组成。

G96 是接通恒线速度控制的指令，当 G96 执行后，S 后面的数值为切削速度。例如：

G96 S100；表示切削速度为 100 m/min

G97 是取消 G96 的指令。执行 G97 后，S 后面的数值表示主轴每分钟转数。例如：

G97 S800；表示主轴转数为 800 r/min，系统开机状态为 G97 指令

G50 除有坐标系设定功能外，还有主轴最高转速设定功能。例如：

G50 S2000；表示主轴转速最高为 2 000 r/min

用恒线速度控制加工端面锥度和圆弧时，由于 X 坐标值不断变化，当刀具逐渐接近工件的旋转中心时，主轴转速会越来越高，工件有从卡盘飞出的危险，所以为防止事故发生，有时必须限定主轴最高转速。

（3）T 功能。该指令用来控制数控系统进行选刀和换刀。用地址 T 和其后的数字来指定刀具号和刀具补偿号。车床上刀具和刀具补偿号有两种形式，即 T1＋1 或 T2＋2，具体格式和含义如下：

在 FANUC 0i-TC 系统中，这两种形式均可采用，通常采用 T2＋2 形式，例如：

T0202；表示采用 2 号刀具和 2 号刀补

三、数控程序的组成及格式

1. 程序结构

加工程序通常由程序开始符号、程序编号、程序主体内容等部分组成。例如：

%　　　　　　　　　　　　　　　　　　　　开始符号

O1000；　　　　　　　　　　　　　　　　　程序编号

N10 G00 G54 X50 Y30 M03 S3000；

N20 G01 X88．1 Y30．2 F500 T02 M08；

N30 X90；　　　　　　　　　　　　　　　　程序主体内容

…

N300 M30；

（1）程序编号。程序编号通常由字符及其后的四位数字表示。数控系统是采用程序编号地址码区分存储器中的程序，不同数控系统程序编号地址码不同，如日本 FANUC 数控系统通常采用 O 为程序编号地址码，有的数控系统采用 P 或%作为程序编号地址码。

（2）程序主体内容。程序主体内容是整个程序的核心、由若干个程序段（BLOCK）组成，每个程序段由一个或多个指令字构成，每个指令字又是由地址符和数据符字母组成，它代表机床的一个位置或一个动作，指令字是指令的最小单位。每一程序段由";"结束。

2. 程序段格式

程序段是由顺序号、若干个指令（准备功能、辅助功能、F、S、T 功能和坐标字）和结束符号组成。

常见程序段格式如表 1-2-10 所示。

表 1-2-10 常见程序段格式

1	2	3	4	5	6	7	8	9	10	11
N_	G_	X_ U_	Y_ V_	Z_ W_	I_J_ K_R_	F_	S_	T_	M_	LF
顺序 段号字	准备 功能字	坐标字				进给 功能字	主轴 功能字	刀具 功能字	辅助 功能字	结束 符号

其中，X、Y、Z、U、V、W表示直线坐标轴；I、J、K表示圆弧圆心相对于起点坐标的坐标值，R表示圆弧半径。

例如：

N001 G01 X50.0 Z－64.0 F100；

其中，N001 为程序段地址码，用来制定程序段顺序号。编程时，相邻的两个程序段，其顺序号最好隔开几个数字，以便修改程序时可插入程序段；

G01 为准备功能地址码，G01 为直线插补指令；

X50.0、Z－64.0 为坐标轴地址码，X50.0 表示刀具在 X 坐标轴的正方向需要移动 50.0 mm，Z－64.0 表示刀具在 Z 坐标轴的负方向需要移动 64.0 mm；

F100 为进给速度地址码，其后面数据字表示刀具进给速度值，F100 表示进给速度为 100mm/min。

"；"为程序段结束码，与 NL、LF 或 CR、"＊"等符号含义等效，不同的数控系统规定有不同的程序段结束符。

说明：

(1) 目前数控系统广泛采用的是地址程序段格式。

(2) 字地址程序段格式由一系列指令字或功能字组成。程序段中指令字的数量可根据需要选用。

(3) 不同的数控系统，程序段格式不同，因此，在针对某一数控机床编程时，要认真研究其数控系统的编程格式，参考该数控机床编程手册。

四、常用指令的编程方法

1. 快速点定位指令 G00

功能：使刀具以点位控制方式，从刀具所在点快速移动到目标点。

格式：G00 X (U) ＿ Z (W) ＿；

说明：

① X、Z：绝对坐标方式时的目标点坐标；U、W：增量坐标方式时的目标点坐标。

② 刀具从起始点快速移动到指定终点，移动时，两轴分别以各自独立的速度进行，其合成的轨迹不一定是直线。

2. 直线插补指令 G01

功能：使刀具以给定的进给速度，从所在点出发，直线移动到目标点。

格式：G01 X（U）_ Z（W）_ F_;

说明：F 是进给速度。

3. 圆弧插补指令 G02、G03

功能：使刀具从圆弧起点，沿圆弧移动到圆弧终点。其中 G02 为顺时针圆弧插补，G03 为逆时针圆弧插补。

圆弧的顺、逆方向的判断：观察者应面对第三轴的正方向，顺时针为 G02，逆时针为 G03。图 1-2-2 所示为数控车床上顺圆弧、逆圆弧方向。

格式：G02（G03）X（U）_ Z（W）_ I_ K_ F_;　或

　　　G02（G03）X（U）_ Z（W）_ R_ F_;

说明：X（U）、Z（W）是圆弧终点坐标；I、K 分别是圆心相对圆弧起点的增量坐标，I、K 为半径值编程；R 是圆弧半径；F 是进给速度。

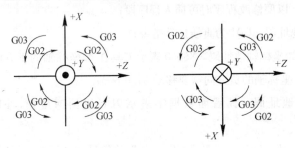

图 1-2-2　圆弧顺、逆方向

4. 暂停指令 G04

功能：执行该指令时，刀具在要求的时间内停止进给，停止到要求的时间后，系统开始执行下个程序段。

格式：G04 X（U）_;　或

　　　G04 P_;

说明：G04 指令使刀具按要求在工件的某些部位停止进给，提高工件的加工表面粗糙度等级，使轮廓结构更清晰。

5. 刀具半径补偿指令 G41、G42、G40

功能：G41 为刀具半径左补偿。操作者沿着车刀进给方向看，车刀在工件的左侧；G42 为刀具半径右补偿。操作者沿着刀具进给方向看，车刀在工件的右侧；G40 是取消刀具半径补偿。

格式：G41（G42、G40）G01（G00）X（U）_ X（U）_;

说明：G41、G42、G40 必须与 G01 或 G00 指令组合完成；X（U）、Z（W）是 G01、G00 运动的目标点坐标。

6. 内径、外径车削循环指令 G90

(1) 直线车削循环：

格式：G90X（U）_ Z（W）_ F_;

其轨迹如图 1-2-3 所示，由四个步骤组成。刀具从定位点 A 开始沿 $ABCDA$ 的方向运动，1（R）和 4（R）表示第一步和第四步是快速运动，2（F）和 3（F）表示第二步和第三步按进给速度切削，程序段中的 X（U）、Z（W）是点 C 的位置。

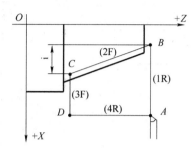

图 1-2-3　G90 直线切削示意图

（2）锥体车削循环：

格式：G90X（U）＿Z（W）＿R＿F＿；

其轨迹如图 1-2-4 所示，由四个步骤组成。刀具从定位点 A 开始沿 $ABCDA$ 的方向运动，1（R）和 4（R）表示第一步和第四步是快速运动，2（F）和 3（F）表示第二步和第三步是按进给速度切削。X（U）、Z（W）是点 C 的位置。R 的正负由点 B 和点 C 的 X 坐标之间的关系确定，因为点 B 的 X 坐标比 C 点的 X 坐标小，故 R 应取负值。

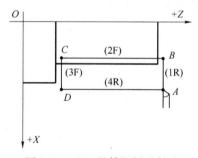

图 1-2-4　G90 锥体切削示意图

7. 固定循环切削指令

（1）外径、内径粗车循环指令 G71。该指令只须指定精加工路线，系统会自动给出粗加工路线，适于车削圆棒料毛坯。其执行过程如图 1-2-5 所示。

格式：G71 U Δd Re；

　　　　G71 Pns Qnf UΔu WΔw F＿S＿T＿；

说明：Δd 是背吃刀量，无正负号；e 是退刀量，无正负号，半径值；ns 是指定精加工路线的第一个程序段的段号；nf 是指定精加工路线的最后一个程序段的段号；Δu 是 X 方向上的精加工余量，直径值；Δw 是 Z 方向上的精加工余量。

粗车过程中程序段号 ns～nf 之间的任何 F、S、T 功能均被忽略，只有 G71 指令中指定的 F、S、T 功能有效。

（2）端面粗车循环指令 G72。该指令的执行过程除了其切削进程平行于 X 轴之外，其他与 G71 相同。

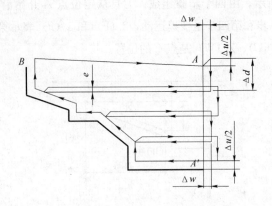

图 1-2-5　外圆粗车循环加工路线

格式：G72 U Δd Re；

G72 Pns Qnf UΔu WΔw F _ S _ T _；

(3) 成形车削循环 G73。该指令只须指定加工路线，系统会自动给出粗加工路线，适于车削铸造、锻造类毛坯或半成品，其执行过程如图 1-2-6 所示。

格式：G73 UΔI WΔk Rd；

G73 Pns Qnf UΔu WΔw F _ S _ T _；

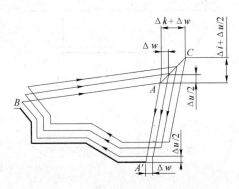

图 1-2-6　外圆封闭切削循环加工路线

说明：ΔI 是 X 方向总退刀量，半径值；Δk 是 Z 方向总退刀量；d 是循环次数；ns 是指定精加工路线的第一个程序段的段号，nf 是指定精加工路线的最后一个程序段的段号；Δu 是 X 方向上的精加工余量，直径值；Δw 是 Z 方向的精加工余量。

粗车过程中程序段号 ns～nf 之间的任何 F、S、T 功能均被忽略，只有 G73 指令中指定的 F、S、T 功能有效。

(4) 精车循环 G70。用 G71、G72、G73 粗车完毕后，可用 G70 指令使刀具进行精加工。

格式：G70 Pns Qnf；

说明：ns 是指定精加工路线的第一个程序段的段号，nf 是指定精加工路线的最后一个程序段的段号。

8. 螺纹切削指令

(1) 螺纹切削指令 G32。该指令用于车削等螺距直螺纹、锥螺纹。

格式：G32 X (U) _ Z (W) _ F _;

说明：X (U)、Z (W) 是螺纹终点坐标；F 是螺纹导程。

(2) 螺纹切削循环指令 G92。该指令用于对直螺纹和锥螺纹进行循环切削，每指定一次，自动进行一次循环切削。

① 直螺纹切削指令：

格式：G92 X (U) _ Z (W) _ F _;

说明：F 为螺纹导程，轨迹与 G90 直线车削循环类似。

② 锥螺纹切削指令：

格式：G92 X (U) _ Z (W) _ R _ F _;

说明：其轨迹与 G90 锥体车削循环类似。

(3) 螺纹切削循环指令 G76。该指令用于多次自动循环车螺纹，数控加工程序中只需指定一次，并在指令中定义好有关参数，则能自动进行加工，车削过程中，出第一次车削深度外，其余各次车削深度自动计算，该指令的执行过程如图 1-2-7 所示。

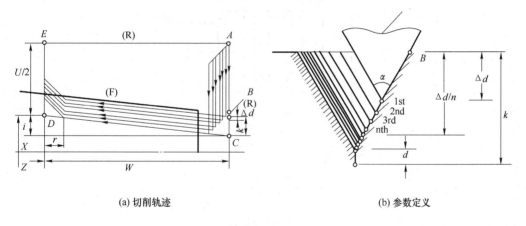

| (a) 切削轨迹 | (b) 参数定义 |

图 1-2-7 螺纹车削循环 G76 指令

G76 的编程需要用时用两条指令定义，其格式：

G76 Pm r α Q△dmin Rd;

G76 X (U) _ Z (W) _ Ri Pk Q△d FL;

说明：

① m 是精车重复次数，从 1~99，该参数为模态量。

② r 是螺纹尾端倒角值，该值的大小可设置在 0.0~9.9 L，系数应为 0.1 的整数倍，用 0.0~9.9 之间的两位整数来表示，其中 L 为螺距，该参数为模态量。

③ α 是刀具角度，可从 80°、60°、55°、30°、29°、0°六个角度中选择，用两位整数来表示，该参数为模态量。

M、r、α 用地址 P 同时指定，例如，m=2、r=1.2 L、α=60°，表示为 P021260。

④ Δdmin 是最小切深度，用半径值编程。

⑤ d 是精车余量，用半径值编程，该参数为模态量。

⑥ X（U）、Z（W）是螺纹终点坐标值。

⑦ i 是螺纹锥度值，用半径值编程。若 i＝0，则为直螺纹。

⑧ k 是螺纹高度，用半径值编程。

⑨ Δd 是第一次切削深度，用半径值编程。i、k、Δd 的数值应以无小数点形式表示。

⑩ L 是螺距。

五、数控车削典型案例

零件图样如图 1-2-8 所示。设毛坯是 φ45×70 mm 的棒料，材料为 45 钢。要求编制出该零件的数控加工程序。

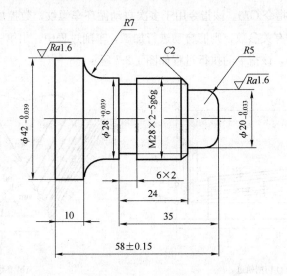

图 1-2-8　螺纹轴

1. 工艺分析

该零件由外圆柱面、圆弧面、沟槽及螺纹等表面组成。该零件尺寸标注完整，零件材料为 45 钢，无热处理和硬度要求。

加工此零件时，可先车出右端面，并以此端面的中心为原点建立工件坐标系。

2. 确定加工方案

（1）粗车各外圆表面。

（2）精车各外圆表面。

（3）切退刀槽。

（4）车螺纹。

（5）切断。

3. 刀具与切削用量的选择

刀具选择及切削用量选择如表 1-2-11 所示。

表 1-2-11 数控刀具卡片

序号	刀具号	刀具类型	加工表面	切削用量	
				主轴转速 n/(r/min)	进给量 f/(mm/r)
1	T0101	90°粗外圆车刀	外轮廓	500	0.3
2	T0202	35°精外圆车刀	外轮廓	1 000	0.1
3	T0303	切槽刀	沟槽	350	0.05
4	T0404	外螺纹刀	螺纹	1 000	1.5
5	T0505	切断刀	切断	300	
编制		审核		批准	

4. 填写数控加工工艺卡

数控加工工艺卡片如表 1-2-12 所示。

表 1-2-12 数控加工工艺卡片

数控加工工序卡		产品名称	项目名称		零件图号	
工序号	程序编号	夹具名称	使用设备		车间	
		三爪自定义卡盘	数控车（CKA6136）		数控实训中心	
工步	工步内容	刀具号	主轴转速 n/(r/min)	进给量 f/(mm/r)	背吃刀量 a_p/mm	备注
1	粗车工件外轮廓	T0101	500	0.3	2	
2	精车工件外轮廓	T0202	1 000	0.1	0.5	
3	切槽	T0303	350	0.05		
4	车外螺纹	T0404	1 000	1.5		
5	切断	T0505	300			
编制		审核		批准	共1页	第1页

5. 编制数控加工程序

数控加工程序如表 1-2-13 所示。

表 1-2-13 数控加工程序单

数控加工程序单	项目序号		项目名称	
	数控系统	FANUC 0i	编程原点	右端面轴心线
程序内容		说明		
O0001		程序号		
N02 T0101;		调用1号刀		

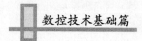

数控加工程序单	项目序号		项目名称	
	数控系统	FANUC 0i	编程原点	右端面轴心线
程序内容	说　明			
N04 M3 S500；	主轴正转，转速为 500 r/min			
N06 G0 X45 Z5；	快速定位，接近工件			
N08 G71 U1 R1；	调用外圆粗车循环			
N10 G71 P12 Q30 U0.5 W0 F0.25；	设置粗车循环参数			
N12 G0 X10；	粗车轮廓描述 N12—N30 段			
N14 G3 X20 Z−5 R5 F0.1；				
N16 G1 Z−11；				
N18 X27.8 C2；				
N20 Z−35；				
N22 X28；				
N24 Z−41；				
N26 G2 X42 Z−48 R7；				
N28 G1 Z−62；				
N30 X45；				
N32 G0 X100 Z100 M5；	快速返回换刀点，主轴停止			
N34 M0；	程序暂停			
N36 T0202；	调用 2 号刀			
N38 M3 S1000；	主轴正转，转速 1 000 r/min			
N40 G0 X45 Z5；	快速定位，接近工件			
N42 G70 P6 Q15；	调用外圆精车循环			
N44 G0 X100 Z100 M5；	快速返回，主轴停止			
N46 M00；	程序暂停			
N50 T0303；	调用三号刀			
N52 M3 S350；	主轴正转，转速 350 r/min			
N54 G0 X30 Z−35；	快速定位，接近工件			
N56 G1 X24 F0.05；	切退刀槽			
N58 G0 X30；	退刀			
N60 W2；				
N62 G1 X24 F0.05；	切退刀槽			
N64 G00 X30；	退刀			
N66 G0 X150；				
N68 Z100 M5；N70 M00；	程序暂停			
N72 T0404；	调用 4 号刀			
N74 M3 S1000；	主轴正转，转速 1 000 r/min			

数控加工程序单	项目序号		项目名称	
	数控系统	FANUC 0i	编程原点	右端面轴心线
程序内容		说 明		
N76 G0 X30 Z5；		快速定位，接近工件		
N78 G92 X27.3 Z—22 F2；		车螺纹，螺距为 2 mm		
N80 X26.9；				
N82 X26.5；				
N84 X26.3；				
N86 X26.2；				
N88 G0 X100 Z100 M5；		快速返回，主轴停止		
N90 M30；		程序结束		

 思考练习

1. 简述数控车床的特点。
2. 数控车削工艺分析有哪些内容？
3. 数控车削指令 G70、G71、G73 有什么区别？

第
三
章

数控铣削（加工中心）的工艺与编程技术基础

第一节　数控铣床（加工中心）与安全操作规程简介

一、数控铣床（加工中心）的功能及基本结构

1. 数控铣床（加工中心）的功能

数控铣削是最常见的零件加工方法之一。数控铣床能在数控加工程序的控制下自动完成对箱体、泵体、阀体、壳体和机架等零件的切削加工，特别适合加工形状复杂的零件。数控铣床能够铣削各种平面、阶台面、各种沟槽（包括矩形槽、半圆槽、T形槽、燕尾槽、键槽、螺旋槽及各种成形槽）、各种成形面及切断等，除此之外还可以进行钻孔、铰孔、铣孔和镗孔等，如图 1-3-1 所示。

数控铣床（加工中心）加工范围广、加工精度高、一致性好、加工效率高，能适应多品种、小批量生产自动化的要求。

加工中心是带有刀库和自动换刀装置的数控机床，它将铣、镗、钻、攻螺纹等功能集中在一台设备上，具有多种工艺手段。在加工过程中可实现自动选用和更换刀具，大大提高了生产效率和加工精度。

2. 数控铣床（加工中心）的基本结构

常见的数控铣床与普通铣床的结构形式类似，一般由主轴箱、进给伺服系统、控制系统、辅助装置、机床本体等部分组成，表 1-3-1 所示。加工中心与数控铣床的组成基本相同，不同的是加工中心具有刀库和自动换刀装置。

(a) 铣平面

(b) 铣阶台面

(c) 铣螺旋槽

(d) 铣孔

(e) 铣型腔

(f) 铣成型面

图 1-3-1　数控铣削的基本内容

表 1-3-1　数控铣床的组成

名　称	说　明	图　例
主轴箱	主轴箱包括主轴箱体和主轴传动系统，用于装夹刀具并带动刀具旋转，主轴转速范围和输出扭矩对加工有直接的影响	
进给伺服系统	进给伺服系统由进给电动机和进给执行机构组成，按照程序设定的进给速度实现刀具和工件之间的相对运动，包括直线进给运动和旋转运动	
控制系统	也称数控装置或 CNC 装置。是数控铣床运动控制的中心，执行数控加工程序，使数控加工程序控制机床进行加工	

续表

名　称	说　明	图　例
辅助装置	例如，液压、气动、润滑、冷却系统和排屑、防护等装置。例如右图所示的排屑装置	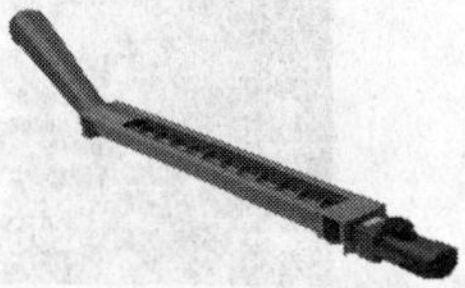
机床本体	通常是指底座、立柱、横梁等，它是整个机床的基础和框架。例如右图所示的底座	

3. 数控铣床（加工中心）的分类

目前，数控铣床种类繁多，有多种分类方法，常见的数控铣床的分类如表1-3-2所示。

表1-3-2　数控铣床的分类

分　类	名　称	说　明	特　点	图　例
按照机床主轴布置形式分类	立式数控铣床	机床主轴轴线垂直于工作台，是数控铣床中最常见的一种布局形式，其中以三坐标联动立式数控铣床最为普遍	结构简单，工件安装方便，加工时易于观察，但不便于排屑。此种机床应用较广泛	
	卧式数控铣床	机床主轴轴线平行于工作台。通过增加数控转盘或万能数控转盘，实现四坐标或五坐标联动，以扩大加工范围	与立式数控铣床相比，结构复杂，加工时不易观察，但排屑顺畅	
	复合数控铣床	机床有立式和卧式两个主轴。工件经一次装夹，既可以进行立式加工又可以进行卧式加工，同时完成多角度、多个面的加工	适合于加工精度要求较高，一次装夹需加工多个表面的零件。机床结构较复杂	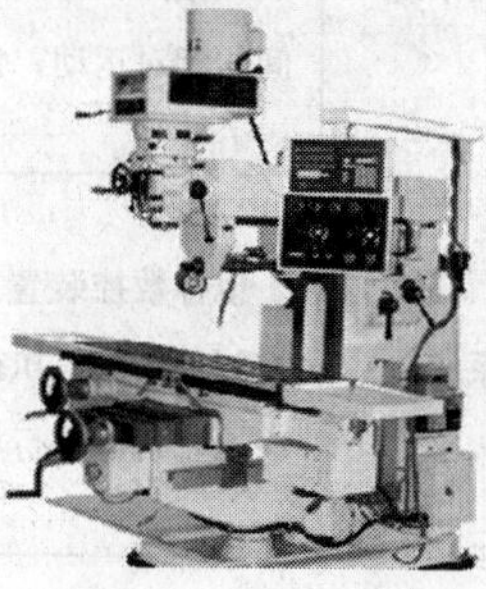

续表

分　类	名　称	说　明	特　点	图　例
按照加工对象分类	仿形数控铣床	利用三维接触式或非接触式模拟测头采集实物模型的表面信息，仿形控制系统根据所测得的信息，控制各个坐标轴的进给速度，并由数控系统驱动各轴电动机，完成仿形测量和加工的全部动作	主要用于各种复杂型腔模具或工件的铣削加工，特别适于加工不规则的三维曲面和有复杂边界的工件	
	摇臂数控铣床	机床既具备普通摇臂铣床的优点，又具有数控铣床的各种功能。铣刀头在摇臂上能在垂直面上进行纵、横两个方向的旋转调整，摇臂可在立柱上转动并进行前后移动调整，工作台可升降	适用于加工各种形状复杂、精度要求较高的零件，例如凸轮、样板、弧形槽等	
	万能工具数控铣床	机床能完成镗、铣、钻、插等多种加工切削加工，加工范围很广，加工精度较高	适用于加工各种刀具、夹具、冲模、压模等中、小型模具及其他复杂零件，借助其他附件能完成圆弧、齿条、齿轮、花键等有特殊形状要求的零件加工	
	龙门数控铣床	立柱和横梁上都有立铣头。横梁可沿立柱上导轨进行垂直位置调整，实现立铣头的垂向进给运动；立铣头可沿横梁上水平导轨进行水平位置调整，实现立铣头的横向进给运动；工作台在床身水平导轨上进行纵向进给运动	刚性和精度都很好，可用几把铣刀同时铣削，适于加工大中型或重型框架结构零件	

分 类	名 称	说 明	特 点	图 例
按控制的坐标轴数分类	两轴坐标联动	铣床在加工零件时，工作台沿两个坐标轴方向同时运动，即数控装置控制工作台同时沿 X、Y 和 Z 三个坐标轴中的两个坐标方向运动，以实现对二维直线、斜线和圆弧等曲线的轨迹控制	这种机床结构简单，操作方便，适于加工简单的轮廓结构，例如，平面沟槽等结构。一般情况下刀具的宽度决定了沟槽的宽度	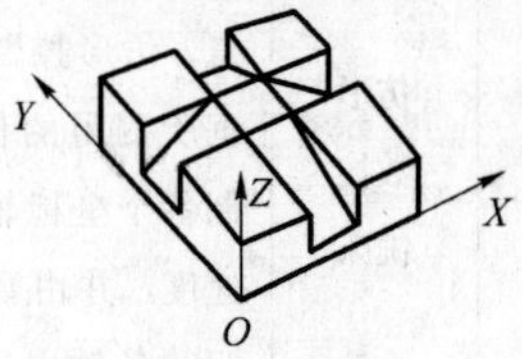
	两轴半坐标联动	铣床在加工零件时，工作台首先在三个坐标平面中的某一个坐标平面内进行两个坐标轴方向的联动，然后再沿第三个坐标轴方向作等距周期移动，如此反复，直到加工完毕。如图例中先沿 Y、Z 方向联动，再沿 X 方向移动	这种机床可以实现分层加工，适于加工简单的轮廓结构，例如，平面沟槽、平面型腔、平面凸轮、孔等结构	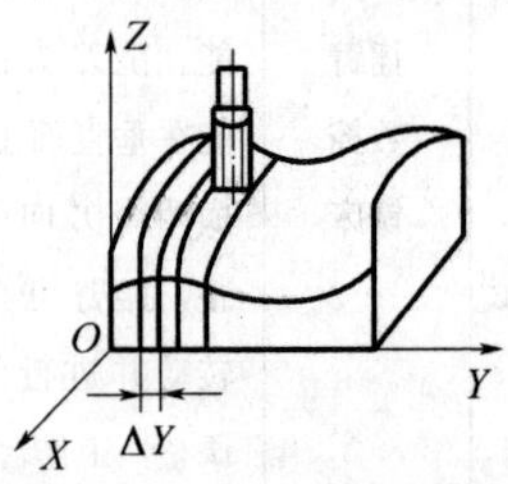
	三轴坐标联动	铣床在加工零件时，工作台可以实现三个坐标轴的联动，即沿 X、Y、Z 三个方向联动	这种机床适于加工一般曲面，例如，型腔模具、实体上的螺旋槽等结构	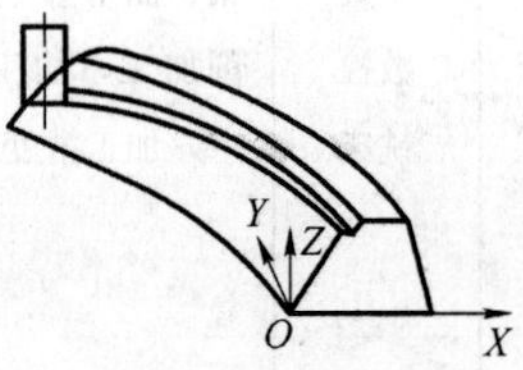
	多轴坐标联动	铣床在加工零件时，工作台可以实现四个坐标轴、五个坐标轴甚至六个坐标轴的联动	这种机床适于加工结构复杂的空间曲面，例如，飞机大梁，叶轮上的叶片等曲面	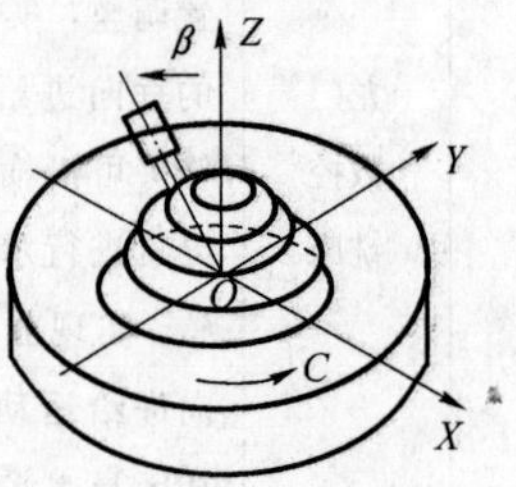

分　类	名　称	说　明	特　点	图　例
按伺服系统检测装置分类	开环控制数控机床	机床没有位置检测反馈装置，数控装置发出的指令信号流程是单向的，其精度主要决定于伺服驱动元件和步进电动机的性能	这种数控机床调试简单，系统也比较容易稳定，加工精度较低，成本低廉，一些经济类中小型数控机床常采用这种控制方式	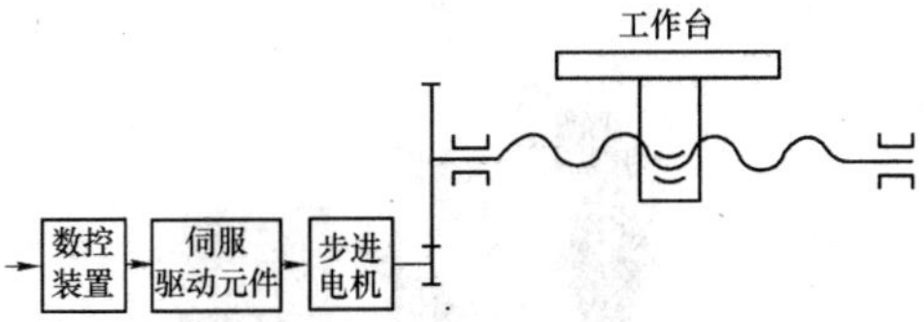
	半闭环控制数控机床	这种系统的控制环内不包括机械传动部分，检测元件装在伺服电动机轴或滚珠丝杠轴的端部，因此该系统反馈的只是进给传动系统的部分误差	这种数控机床采用高分辨率的反馈检测元件，加工精度较高。系统调试比较简单。目前大多数中、小型数控机床都采用这种控制方式	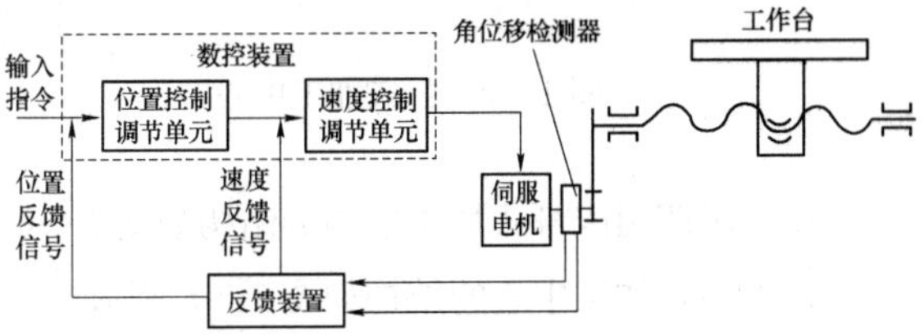
	闭环控制数控机床	该类机床数控装置中插补器发出的位置指令信号与工作台（或刀架）上检测到的实际位置反馈信号进行比较，根据其差值不断控制运动，进行误差修正，直至差值为零的停止运动	这种数控机床结构复杂，系统调试比较困难。成本较高。加工精度很高。有些精度要求很高的镗铣床常采用这种控制方式	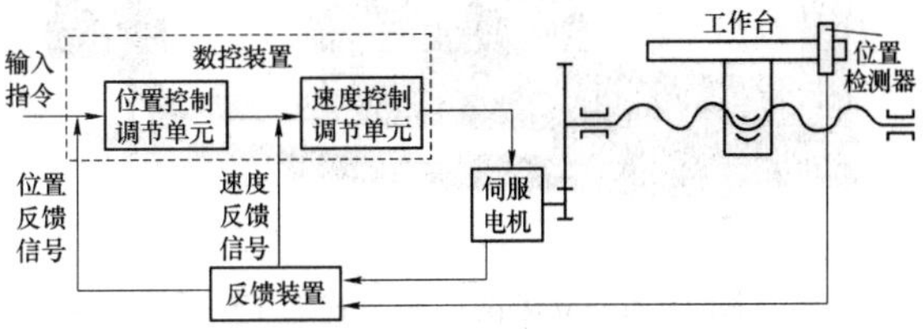

　　一台机床可以具有上述几台机床的特点，例如，仿形数控铣床既是立式数控铣床，也是三轴坐标联动的闭环控制数控铣床。

4. 加工中心的分类

加工中心可按以下方法进行分类：

（1）按加工工序分类。加工中心按加工工序分类，可分为镗铣与车铣两大类。

（2）按控制轴数分类。按控制轴数可分为三轴加工中心、四轴加工中心和五轴加工中心等。

（3）按主轴与工作台相对位置分类。

① 卧式加工中心是指主轴轴线与工作台平行的加工中心，主要适用于加工箱体类零件。卧式加工中心一般具有分度转台或数控转台，可加工工件的各个侧面。可进行多个坐标的联合运动，以便加工复杂的空间曲面。其结构如图 1-3-2 所示。

② 立式加工中心是指主轴轴线与工作台垂直的加工中心，主要适用于加工板类、盘类、模

具及小型壳体类复杂零件。立式加工中心一般不带转台，仅作顶面加工。此外，还有同时有立、卧两个主轴的复合式加工中心、主轴能调整为卧轴或立轴的立卧可调式加工中心。它们能对工件进行五个面的加工。其结构如图1-3-3所示。

图 1-3-2　卧式加工中心　　　　　　　　　　图 1-3-3　立式加工中心

③ 立卧两用床身式加工中心的结构如图1-3-4所示。

④ 龙门式加工中心的结构如图1-3-5所示。

 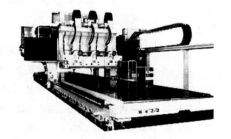

图 1-3-4　立卧两用床身式加工中心　　　　　图 1-3-5　龙门式加工中心

⑤ 万能加工中心（又称多轴联动型加工中心）是指通过控制机床主轴轴线与工作台回转轴线的角度来控制联动，完成复杂空间曲面加工的加工中心。适用于具有复杂空间曲面的叶轮转子、模具、刀具等工件的加工。

多工序集中加工的形式扩展到了其他类型数控机床，例如，车削中心，它是在数控车床上配置多个自动换刀装置，能控制三个以上的坐标，除车削外，主轴可以停转或分度，由刀具旋转进行铣削、钻削、铰孔和攻丝等工序，适于加工复杂的旋转体零件。

（4）按可加工内容类型分类：

① 镗铣加工中心。镗铣加工中心是最先发展起来且在目前应用最多的加工中心，所以人们平常所称的加工中心一般就指镗铣加工中心。其各进给轴可实现无级变速，并能实现多轴联动控制，主轴也能实现无级变速，可进行刀具的自动夹紧和松开（装刀、卸刀），带有自动排屑和自动换刀装置。其主要工艺能力是以镗铣为主，还可以进行钻、扩、铰、锪、攻螺纹等加工。其加工对象主要有加工面与水平面的夹角为定角（常数）的平面类零件，例如，盘、套、板类零件；加工面与水平面的夹角呈连续变化的变斜角类零件；箱体类零件；复杂曲面（凸轮、整体叶轮、

模具类、球面等）；异形件（外形不规则，大都需要点、线、面多工位混合加工）。

② 车削中心。车削中心是在数控车床的基础上，配置刀库和机械手，使之可选择使用的刀具数量大大增加。车削中心主要以车削为主，还可以进行铣、钻、扩、铰、攻螺纹等加工。其加工对象主要有复杂零件的锥面、复杂曲线为母线的回转体。在车削中心上还能进行钻径向孔、铣键槽、铣凸轮槽和螺旋槽、锥螺纹和变螺距螺纹等加工。车削中心一般还具有以下两种先进功能：

a. 动力刀具功能，即刀架上某些刀位或所有的刀位可以使用回转刀具（例如铣刀、钻头）通过刀架内的动力使这些刀具回转。

b. C 轴位置控制功能，即可实现主轴周向的任意位置控制。实现 $X—C$、$Z—C$ 联动。另外，有些车削中心还具有 Y 轴功能。

③ 五面加工中心。五面加工中心除一般加工中心的功能外，最大特点是具有可立卧转换的主轴头，在数控分度工作台或数控回转工作台的支持下，就可实现对六面体零件（例如箱体类零件）的一次装夹，进行五个面的加工。这类加工中心不仅可大大减少加工的辅助时间，还可减少由于多次装夹的定位误差对零件精度的影响。

（5）车铣复合加工装备。顾名思义，车铣复合加工装备是指既具有车削功能又具备铣削加工功能的加工装备。从这个意义上讲，上述的车削中心也属该类型的加工装备。但这里所说的一般是指大型和重型的车铣复合加工装备，其中车和铣功能同样强大，可实现一些大型复杂零件（例如，大型舰船用整体螺旋桨）的一次装夹多表面的加工，使零件的型面加工精度、各加工表面的相互位置精度（例如螺旋桨桨叶型面、定位孔、安装定位面等的相互位置精度）由装备的精度来保证。由于该类装备技术含量高，因此不仅价格高，而且由于有较明显的军工应用背景，因此被西方发达国家列为国家的战略物质，通常对我国实行限制和封锁。

二、数控铣床（加工中心）的安全操作规程

数控铣床及加工中心主要用于非回转体类零件的加工，特别是在模具制造业应用广泛。其安全操作规程如下：

（1）开机前，应当遵守以下操作规程：

① 穿戴好劳保用品，不要戴手套操作机床。

② 详细阅读机床的使用说明书，在未熟悉机床操作前，切勿随意开动机床，以免发生安全事故。

③ 操作前必须熟知每个按钮的作用以及操作注意事项。

④ 注意机床各个部位警示牌上所警示的内容。

⑤ 按照机床说明书要求加装润滑油、液压油、冷却液，接通外接电源。

⑥ 机床周围的工具要摆放整齐，要便于拿放。

⑦ 加工前必须关上机床的防护门。

（2）在加工操作中，应当遵守以下操作规程：

① 文明生产，精力集中，杜绝酗酒和疲劳操作；禁止打闹、闲谈和任意离开岗位。

② 机床在通电状态时，操作者千万不要打开和接触机床上示有闪电符号的、装有强电装置

的部位，以防被电击伤。

③ 注意检查工件和刀具是否装夹正确、可靠；在刀具装夹完毕后，应当采用手动方式进行试切。

④ 机床运转过程中，不要清除切屑，要避免用手接触机床运动部件。

⑤ 清除切屑时，要使用一定的工具，应当注意不要被切屑划破手脚。

⑥ 要测量工件时，必须在机床停止状态下进行。

⑦ 在打雷时，不要开机床。因为雷击时的瞬时高电压和大电流易冲击机床，造成烧坏模块或丢失改变数据，造成不必要的损失。

（3）工作结束后，应当遵守以下操作规程：

① 如实填写好交接班记录，发现问题要及时反映。

② 要打扫干净工作场地，擦拭干净机床，应注意保持机床及控制设备的清洁。

③ 切断系统电源，关好门窗后才能离开。

第二节 数控铣床（加工中心）刀具及其附件

刀具的选择是数控加工工艺中的重要内容，它不仅影响数控机床的加工效率，而且直接影响加工质量，数控机床主轴转速比普通机床高 1~2 倍，且输出功率大，因此，与传统加工方法相比，数控加工对刀具的要求更高。应根据机床的加工能力、工件材料的性能、加工工序的内容、切削用量以及其他相关因素，合理选择刀具类型、结构、几何参数等。

1. 常用切削刀具

（1）孔加工刀具。在数控铣削加工中，常用的刀具如图 1-3-6 所示。

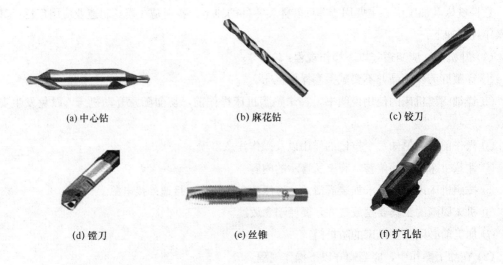

(a) 中心钻   (b) 麻花钻   (c) 铰刀

(d) 镗刀   (e) 丝锥   (f) 扩孔钻

图 1-3-6 孔加工刀具

（2）铣削刀具。铣刀是刀齿分布在旋转表面或端面上的多刃刀具，其几何形状较复杂，种类较多。按铣刀的材料分为高速钢铣刀、硬质合金铣刀等；按铣刀结构形式分为整体式铣刀、镶齿式铣刀、可转位式铣刀；按铣刀的安装方法分为带孔铣刀、带柄铣刀；按铣刀的形状和用途又可分为圆柱铣刀、面铣刀、立铣刀、键槽铣刀、球头铣刀等，如图 1-3-7 所示。

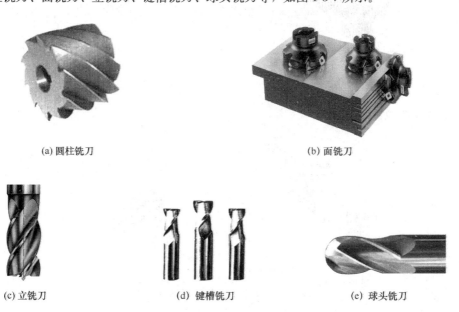

(a) 圆柱铣刀　　　　　　　　　　　　　　　　(b) 面铣刀

(c) 立铣刀　　　　　　　(d) 键槽铣刀　　　　　　(e) 球头铣刀

图 1-3-7　常用铣刀

2. 数控铣刀（加工中心）的刀柄

模块式刀柄 通过将基本刀柄、接杆和加长杆（如需要）进行组合，可以用很少的组件组装成非常多种类的刀柄，如图 1-3-8 所示。

图 1-3-8　刀柄种类

（1）常用加工中心的刀柄。常用加工中心刀柄如图 1-3-9 所示。

（2）拉钉。拉钉是带螺纹的零件，常固定在各种工具柄的尾端。机床主轴内的拉紧机构借助它把刀柄拉紧在主轴中。数控机床刀柄有不同的标准，机床刀柄拉紧机构也不统一，故拉钉有多种型号和规格，如图 1-3-10 所示。

(a) 面铣刀刀柄

(b) 整体钻夹头刀柄

(c) 镗刀刀柄

(d) ER 弹簧夹头刀柄

图 1-3-9　常用加工中心刀柄

(a) A 型拉钉

(b) B 型拉钉

(c) MAS BT 的

图 1-3-10　拉钉

3. 锁刀座与装刀夹具

刀柄要装入刀具，一般情况下需把刀柄放在锁刀座上，锁刀座上的键对准刀柄上的键槽，使刀柄无法转动，然后用扳手锁紧螺母，如图 1-3-11 所示。

(a) 刀柄和弹簧夹头

(b) 锁刀座

(c) 扳手

图 1-3-11　锁刀座与其他装夹刀具工件

第三节　数控铣削（加工中心）工艺基础

数控铣削（加工中心）加工工艺分析是数控铣削加工的一项重要工作，工艺分析的合理与否，直接影响到零件的加工质量、生产效率和加工成本。而数控铣削与加工中心的最大区别在于加工中心是具有自动交换装置，并能连续进行多种工序加工的数控机床。它是从数控铣床发展而来的。与数控铣床的最大区别在于加工中心具有自动交换加工的能力，通过在刀库上安装不同用途的，可在一次装夹中通过自动交换加工的能力，通过在刀库上安装不同的可在一次装夹中通过自动换刀装置改变主轴上的加工，实现多种加工功能。另外，数控铣床只有三轴，而加工中心可以是四轴或五轴联动，比数控铣床应用广泛。在编制数控程序时，根据零件图样要求首先应该考虑以下几个问题：

一、零件图样的识读

在数控工艺分析时，首先要对零件图样进行工艺分析，分析零件各加工部位的结构工艺性是否符合数控加工的特点，工艺分析的目的是分析影响零件加工工艺的零件结构、几何要素、技术要求等，为工艺方案制定提供依据。

1. 零件结构的识读

零件结构工艺性是指在满足使用要求的前提下，零件加工的可行性和经济性，换言之，就是使设计的零件结构便于生产加工、降低成本、提高效率。

零件结构工艺性分析的内容：审查与分析在数控铣床（加工中心）上进行加工时零件结构的合理性。

2. 几何要素的识读

几何要素分析，主要是对构成零件轮廓的所有几何元素的给定条件进行分析、判断。由于手工编程需要计算每个节点的坐标，自动编程需要对零件轮廓几何要素进行定义，因此对于零件图样上出现构成加工轮廓的给定条件不充分、尺寸模糊以及尺寸封闭等缺陷，都会增加了编程工作的难度，甚至无法完成编程工作。

3. 技术要求的识读

技术要求分析主要包括以下内容：

（1）分析零件精度与各项技术要求是否齐全、合理。

（2）分析工序中的数控加工精度能否达到图样要求，注意给后续工序留有足够的加工余量。

（3）找出零件加工精度要求高的表面，分析表面精度要求，选择合理的工艺方案、加工路线和切削用量。

（4）找出零件图样中有较高位置精度要求的表面，确定工件定位方式，尽量安排这些表面在一次安装下完成；不能安排在一次装夹中完成的有位置精度要求的表面，应当采取合理的二次装夹和定位措施。

（5）对于尺寸变化大、表面粗糙度要求较高的表面或对称表面，尽量使用恒线速功能进行切削加工，保证加工表面粗糙度均匀、一致。

二、数控铣削用量的选择

数控铣床（加工中心）加工中的切削用量包括主轴转速或切削速度、进给速度或进给量及背吃刀量。切削用量的选择是否合理对切削力、刀具磨损、加工质量和加工成本均有显著影响，数控加工中选择切削用量时，就是在保证加工质量和刀具耐用度的前提下，充分发挥机床性能和刀具切削性能，使切削效率最高，加工成本最低。因此，切削用量的大小应根据加工方法合理选择，并在编程时，将加工的切削用量数值编入程序中。

切削用量的选择原则：粗加工时，一般以提高生产效率为主，兼顾经济性和加工成本；半精加工和精加工时，应在保证加工质量的前提下，兼顾切削效率、经济性和加工成本。具体数值应根据机床说明书、切削用量手册，并结合经验而定。粗、精加工时切削用量的选择如下：

1. 粗加工时切削用量的选择

首先选取尽可能大的切削用量数值；其次根据机床动力和刚性等，选取尽可能大的进给速度（进给量）；最后根据刀具耐用度确定主轴转速（切削速度）。

2. 半精加工和精加工时切削用量的选择

首先根据粗加工后的余量确定背吃刀量；其次根据已加工表面的粗糙度要求，选取较小的进给速度（进给量）；最后在保证刀具耐用度的前提下，尽可能选取较高的主轴转速（切削速度）。

（1）主轴转速的确定。主轴转速应根据被加工表面的直径和允许的切削速度经计算确定，其中切削速度可通过计算或查表选取，也可按实践经验确定。主轴转速的计算公式：

$$n = 1000\, v_c / \pi d$$

式中　v_c——切削速度，m/min；

　　　d——被加工表面直径，mm。

在螺纹切削时，主轴转速受螺距（或导程）大小、驱动电动机的矩频特性及螺纹插补运算速度等因素的影响，不同的数控系统，可选择不同的主轴转速。对于大多数数控车床，可按下列公式计算主轴转速：

$$n \leqslant 1200/P - k$$

式中　P——螺纹螺距，mm；

　　　k——保险系数，一般为 80。

（2）进给速度的确定。进给速度是指在单位时间内，刀具沿进给方向移动的距离，单位为 mm/min。在数控车床编程中，较多的用进给量（mm/r）表示进给速度。

进给速度的选择主要根据零件的表面粗糙度、加工精度要求、刀具及工件材料等因素，参考切削用量手册选取。在加工过程中，进给速度还可通过控制面板上的进给速度修调开关进行实时调整，但最大进给速度要受到设备刚度和进给系统性能等因素的限制。进给速度的选择原则如下：

① 在能满足工件加工质量要求的情况下，可选择较高的进给速度。

② 当切断、车削深孔及精车时，宜选择较低的进给速度。

③ 当刀具空行程时，可以选择尽量高的进给速度。

④ 进给速度还应与主轴转速、背吃刀量相适应。

（3）背吃刀量的确定。背吃刀量应在机床、工件和刀具刚度允许的情况下根据加工余量确定。加工时，应尽可能取大的背吃刀量，以减少走刀次数，提高生产率。当余量较大或机床刚性不足时，可采取分层切削余量，各次的余量按递减原则确定。当零件的精度要求较高时，应进行半精加工，余量取 0.5～1 mm，精加工余量取 0.2～0.5 mm。

三、数控铣削（加工中心）的一般原则

数控铣削（加工中心）加工方案的制定，一般按照"先粗后精，先面后孔，先外后内，基面先行和走刀路线最短"的原则来进行。

（1）先粗后精。为了提高生产效率和保证零件加工质量，在安排工艺方案时，应首先进行粗加工，以尽量短的时间，把大部分多余的金属层去除，提高生产效率，为后面的精加工提供良好的尺寸精度、几何精度和表面粗糙度。

精加工是零件加工表面的尺寸精度、几何精度、表面粗糙度的决定性加工工序，只有在经过粗加工（有些表面还需要安排半精加工）后，才能保证零件的高精度和表面粗糙读要求。

（2）先面后孔。在加工有面和孔的零件时，为提高孔的加工精度，应遵循"先加工面，后加工孔"这一原则。一方面可以用加工过的平面作为基准，另一方面可以提高孔的加工精度。

（3）先外后内。对于有外形和内形的零件加工，通常先加工外形，后加工内形。

（4）基面先行。基面先行是指先加工用于精基准的表面，以减少后续工序的装夹误差。

（5）走刀路线最短。走刀路线包括切削加工路线和空行程路线两部分，空行程路线应尽量选取最短的线路。数控加工时，粗加工路线一般由数控系统根据给定的精加工路线自动计算，精加工时的加工路线一般按零件轮廓进行。

四、数控铣削（加工中心）工艺文件的编制

编制数控加工工艺文件是数控加工工艺设计的内容之一。数控加工技术文件主要有数控编程任务书、数控加工工序卡、数控加工走刀路线图、数控刀具卡、数控程序单等。不同的机床或不同的加工目的可能会需要不同形式的数控加工专用技术文件。下面以数控加工工序卡、数控刀具卡、加工程序单为例来介绍加工工艺的编制。

1. 数控加工工序卡

数控加工工序卡如表 1-3-3 所示。

表 1-3-3　数控加工工序卡

数控加工工序卡		产品名称	项目名称	零件图号
工序号	程序编号	夹具名称	使用设备	车间

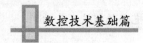

工步	工步内容	刀具号	主轴转速 $n\,/(r/min)$	进给量 $f\,/(mm/r)$	背吃刀量 a_p/mm	备注

编制		审核		批准		共1页	第1页

2. 数控刀具卡

数控刀具卡如表 1-3-4 所示。

表 1-3-4 数控刀具卡

序号	刀具号	刀具类型	加工表面	切削用量	
				主轴转速 $n\,/(r/min)$	进给量 $f\,/(mm/r)$

编制		审核		批准	

3. 加工程序单

数控加工程序单如表 1-3-5 所示。

表 1-3-5 数控加工程序单

项目序号		项目名称		编程原点	
程序号		数控系统		编制	
程 序 内 容			简 要 说 明		

五、数控铣削（加工中心）典型案例

（1）零件图工艺分析。根据图 1-3-12 所示零件图样和图 1-3-13 所示所示零件立体图，可分析零件上主要有以下几个特征：主要有型腔和圆台、销孔。形状比较简单，被加工部分的各尺寸、形位、表面粗糙度等要求较高，具有一定的难度。

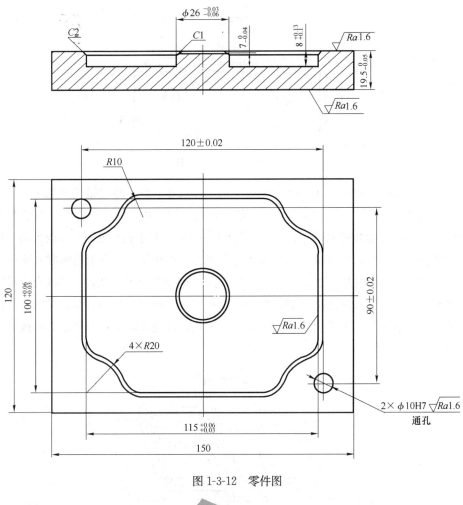

图 1-3-12 零件图

图 1-3-13 零件立体图

（2）确定零件的定位基准。该零件的定位基准为零件底面。

（3）确定装夹方案。安装夹具（精密机用平口钳）和工件，选用精密机用平口钳装夹工件，校正平口钳固定钳口与工作台 X 轴移动方向平行，在工件下表面与平口钳之间放入精度较高且厚度适当的平行垫块，如图 1-3-14 所示。

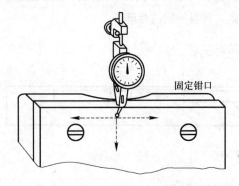

固定钳口

图 1-3-14　机用平口钳的校正

加工的工件毛坯已经磨好，利用平口钳装夹的工件尺寸一般不超过钳口的宽度，所加工的部位不得与钳口发生干涉。平口钳安装好后，把工件放入钳口内，并在工件的下面垫上比工件窄、厚度适当且加工精度较高的等高垫块，然后把工件夹紧（对于高度方向尺寸较大的工件，不需要加等高垫块而直接装入平口钳）。为了使工件紧密地靠在垫块上，应用铜锤或木锤轻轻地敲击工件，直到用手不能轻易推动等高垫块时，最后再将工件夹紧在平口钳内。工件应当紧固在钳口比较中间的位置，装夹高度以铣削尺寸高出钳口平面 3～5 mm 为宜，用平口钳装夹表面粗糙度较差的工件时，应在两钳口与工件表面之间垫一层铜皮，以免损坏钳口，并能增加接触面，如图 1-3-15 所示。

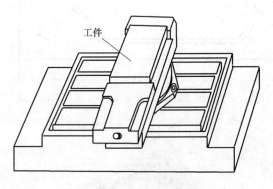

工件

图 1-3-15　工件装夹

工件露出钳口表面不低于 15 mm，利用木锤或铜棒敲击工件，使平行垫块不能移动后夹紧工件，保证刀具与夹具不发生干涉。需要注意的是，钻孔时刀具与平行垫块不发生干涉。

（4）确定加工顺序。根据粗、精分开、先面后孔以及尽量减少换刀次数安排加工步骤如下：

① 装夹工件，校正工件，用面铣刀加工下表面，去毛刺。

② 装夹工件，校正工件，面铣刀加工上表面，并保证尺寸 $19.5_{-0.05}^{\ 0}$。

③ 中心钻加工定位孔。

④ $\phi 9.8$ 麻花钻加工 $2 \times \phi 10H7$ 底孔及工艺下刀孔。

⑤ $\phi 10$ 立铣刀粗铣内轮廓，单边留 0.3 mm 余量。

⑥ $\phi 16$ 立铣刀粗铣圆台及高度，单边留 0.3 mm 余量。

⑦ $\phi 10$ 立铣刀半精铣内轮廓、圆台，单边留 0.1 mm 余量。

⑧ $\phi 10$ 立铣刀精铣内轮廓、圆台，保证精度。

⑨ $\phi 10$ 铰刀加工 $2 \times \phi 10H7$ 孔。

⑩ 去毛刺。

（5）刀具选择及切削用量。

① 中心钻 A3：$n=1\ 500$ r/min，$v_f=30$ mm/min。

② $\phi 9.8$ 钻头：$n=700$ r/min，$v_f=50$ mm/min。

③ $\phi 10H7$ 铰刀：$n=100$ r/min，$v_f=60$ mm/min。

④ $\phi 10$ 三刃粗立铣刀：$n=600$ r/min，$v_f=100$ mm/min。

⑤ $\phi 16$ 三刃粗立铣刀：$n=450$ r/min，$v_f=100$ mm/min。

⑥ $\phi 10$ 四刃精立铣刀：$n=3\ 500$ r/min，$v_f=600$ mm/min。

（6）填写数控加工工艺卡。综合上述分析，将分析结果填入数控加工工艺卡片中，如表 1-3-6 所示。

表 1-3-6　数控加工工艺卡片

数控加工工序卡		产品名称	项目名称		零件图号
工序号	程序编号	夹具名称	使用设备		车间
		平口虎钳	加工中心（VM600 型）		数控实训中心
工步	工步内容	刀具号	刀具规格	背吃刀量 a_p/mm	备注
1	中心钻定位	T01	A3 中心钻	5	
2	$\phi 9.8$ 麻花钻钻孔	T02	$\phi 9.8$ 麻花钻	25	
3	$\phi 10H7$ 铰刀铰孔	T03	$\phi 10H7$ 铰刀	25	
4	$\phi 10$ 立铣刀粗铣内型	T04	$\phi 10$ 三刃粗立铣刀	8	
5	$\phi 16$ 立铣刀粗铣凸台	T05	$\phi 16$ 三刃粗立铣刀	8	
6	$\phi 10$ 立铣刀精铣内型	T06	$\phi 10$ 四刃精立铣刀	8	
7	$\phi 10$ 立铣刀精铣圆台	T06	$\phi 10$ 四刃精立铣刀	8	
编制		审核	批准	共 1 页	第 1 页

第四节　数控铣削（加工中心）编程技术基础

一、数控编程的有关概念与规定

1. 数控铣床坐标系

数控铣床坐标系和数控车床坐标系一样，也分为机床坐标系和工件坐标系，机床坐标系是由机床生产厂家在机床上建立的坐标系，不允许用户随意更改。工件坐标系是编程人员在零件图样上建立的坐标系，编程人员可根据编程的需要，设置多个工件坐标系，如图1-3-16（a）所示。

A、B、C分别表示绕X、Y、Z轴旋转的三个轴转动，由右手螺旋定则判定A、B、C的正方向，如图1-3-16（b）所示。

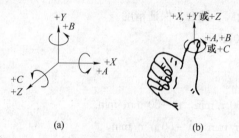

(a)   (b)

图1-3-16　数控铣床坐标系及右手螺旋定则

2. 数控铣床坐标轴的确定

在编程中，为使编程方便，加工中不论是刀具移近，还是工件移近，都一律假定工件相对静止，而刀具移动，并规定刀具远离工件的运动方向为坐标轴的正方向。

一般情况下，不同的数控铣床其机床坐标轴的规定也不同。但大多数数控铣床坐标轴的规定是相同的。

（1）立式数控铣床坐标轴的确定。对于立式数控铣床来说，以机床主轴轴线作为Z轴，其正方向竖直向上；X轴平行于工作台的长度方向，其正方向指向右侧；Y轴平行于工作台的宽度方向，其正方向指向主轴。

（2）卧式数控铣床坐标轴的确定。对于卧式数控铣床来说，以机床主轴轴线作为Z轴，其正方向指向主轴；X轴平行于工作台的长度方向，正方向指向左侧；Y轴垂直于工作台，其正方向竖直向上。

3. 数控铣床的编程方式

（1）数控编程方式一般分为手工编程和自动编程两类。手工编程只要适用于几何形状不复杂、坐标计算比较简单、加工程序不长的工件。对于一些复杂零件，特别是具有空间曲线、曲面的零件，则必须采用计算机自动编程。

（2）手工编程又分为G90绝对值编程和G91增量编程，此外，数控铣床还可以采用混合编程，即在同一程序段中绝对尺寸和增量尺寸可以混用。

二、数控铣床的基本功能

机床数控系统的基本功能包括准备功能（G功能）、辅助功能（M功能）和进给功能（F功能）、刀具功能（T功能）和主轴功能（S功能）。

1. 准备功能（G功能）

数控（CNC）铣床控制系统的准备功能（G功能）与数控车床控制系统的准备功能略有区别。

准备功能指令由字符G和其后的1～3位数字组成，其主要功能是指定机床的运动方式，为数控系统的插补运算做准备。G代码的规定和含义如表1-3-7所示。

表 1-3-7　G 代码的规定和含义

G 代 码	功　能	G 代 码	功　能
G00	点定位（快速移动）	G49	取消刀具长度补偿
G01	直线插补（切削进给）	G50.1	取消镜像
G02	圆弧插补（顺时针）	G51.1	建立镜像
G03	圆弧插补（逆时针）	G54～G59	工件坐标系
G04	暂停，准停	G68	图形旋转
G17	XY 平面选择	G69	取消图形旋转
G18	ZX 平面选择	G74	攻左螺纹循环
G19	YZ 平面选择	G76	精镗循环
G20	英制输入（单位 in）	G80	固定循环取消
G21	公制输入（单位 mm）	G81	钻孔固定循环
G27～G30	返回参考点	G83	深孔钻固定循环
G40	取消刀具半径补偿	G84	攻右螺纹循环
G41	刀具半径左补偿	G85	铰孔循环
G42	刀具半径右补偿	G86	镗孔循环
G43	刀具长度正偏置（刀具延长）	G90	绝对坐标编程方式
G44	刀具长度负偏置（刀具缩短）	G91	相对坐标编程方式

注：在同一个程序段中可以指令几个不同的 G 代码，如果在同一个程序段中指令了两个以上的同组 G 代码时，后一个 G 代码有效。

2. 辅助功能（M功能）

CNC 铣床辅助功能，是用来指令机床辅助动作的一种功能。它由地址 M 及其后的两位数字组成。辅助功能也称 M 功能和 M 代码，主要用于完成加工操作时的辅助动作。其指令如表 1-3-8 所示。

表 1-3-8　常用的 M 指令

M 代码	功　能	说　明	M 代码	功　能	说　明
M00	程序停止	非模态	M08	冷却液开	模态
M01	选择程序停止		M09	冷却液关	
M02	程序结束	模态	M30	程序结束并返回	非模态
M03	主轴顺时针旋转		M98	调用子程序	
M04	主轴逆时针旋转		M99	子程序取消	
M05	主轴停止				

3. F、S、T 功能

（1）F 功能：用来指定进给速度，由地址 F 和其后面的数字组成。在含有 G94 程序段后面，再遇到 F 指令时，则认为 F 所指定的进给速度单位为 mm/min。系统开机状态为 G94，只有输入 G95 指令后，G94 才被取消。而 G95 为每分钟进给，单位为 mm/r。

（2）S功能：用来指定主轴转速，用地址S和其后的数字组成。例如：

M03 S2000；表示主轴正转速度为 2000 r/min

（3）T功能：该指令用来控制数控系统进行选刀和换刀。用地址T和其后的数字来指定刀具号和刀具补偿号。

三、数控程序的组成及格式

1. 程序结构

加工程序通常由程序开始符号、程序编号、程序主体内容等部分组成。例如：

％	开始符号
O1000	程序编号
N10 G00 G54 X50 Y30 M03 S3000；	
N20 G01 X88. 1 Y30. 2 F500 T02 M08；	
N30 X90；	程序主体内容
…	
N300 M30；	

（1）程序编号。程序编号通常由字符及其后的四位数字表示。数控系统是采用程序编号地址码区分存储器中的程序，不同数控系统程序编号地址码不同，如日本 FANUC 数控系统通常采用 O 为程序编号地址码，有的数控系统采用 P 或％作为程序编号地址码。

（2）程序主体内容。程序主体内容是整个程序的核心、由若干个程序段（BLOCK）组成，每个程序段由一个或多个指令字构成，每个指令字又是由地址符和数据符字母组成，它代表机床的一个位置或一个动作，指令字是指令的最小单位。每一程序段由";"号结束。

2. 程序段格式

程序段是由顺序号、若干个指令（准备功能、辅助功能、F、S、T功能和坐标字）和结束符号组成。

常见程序段格式如表 1-3-9 所示。

表 1-3-9 常见程序段格式

1	2	3	4	5	6	7	8	9	10	11
N_	G_	X_ U_	Y_ V_	Z_ W_	I_J_ K_R_	F_	S_	T_	M_	LF
顺序号	准备功能	坐标字	进给功能	主轴功能	刀具功能	辅助功能	结束符号	—	—	—

其中，X、Y、Z、U、V、W表示直线坐标轴；I、J、K表示圆弧圆心相对于起点坐标的坐标值，R表示圆弧半径。

说明：

（1）编程时，相邻的两个程序段，其顺序号最好隔开几个数字，以便修改程序时可插入程序段。

（2）坐标字 X_、Y_、Z_等后面的数字表示刀具移动轨迹的终点。

（3）";"与 NL、LF 或 CR、"*"等符号含义等效，不同的数控系统规定有不同的程序段结束符。

四、常用编程指令简介

（1）绝对坐标和相对坐标指令（G90 、G91）。

使用格式：$\left\{ {G90 \atop G91} \right\}$ X_ Y_ Z_;

【例 3-1】　已知刀具从点 A 移动到点 B，如图 1-3-17 所示。

解：用两种方式编程分别如下：

G90 X10.0 Y40.0;

G91 X-30.0 Y30.0;

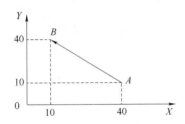

图 1-3-17　G90、G91 指令的应用

（2）工作坐标系的选取指令（G54～G59）。一般数控机床可以预先设置六个（G54～G59）工作坐标系。

（3）坐标平面的选择（G17 G18 G19）。G17、G18、G19 分别指定零件进行 XY、ZX、YZ 平面上的加工，如图 1-3-18 所示。

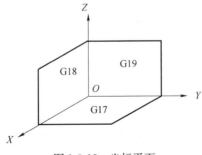

图 1-3-18　坐标平面

（4）快速定位（G00 或 G0）。

格式：G00 X_ Y_ Z_;

一般用法：

G90 G00 Z100.0;　　　　刀具首先快速移到 Z=100.0 mm 高度的位置

　　　　X0. Y0.;　　　刀具接着快速定位到工件原点的上方

（5）直线插补指令（G01 或 G1）。

格式：G01 X_ Y_ Z_ F_ ；

一般用法如图 1-3-17 所示。G01 X10.0 Y40.0 F100；

（6）圆弧插补指令（G02、G03 或 G2、G3）。刀具在各坐标平面以一定的进给速度进行圆弧插补运动，从当前位置（圆弧的起点），沿圆弧移动到指令给出的目标位置，切削出圆弧轮廓。G02 为顺时针圆弧插补指令，G03 为逆时针插补指令。刀具在进行圆弧插补时必须规定所在平面（即 G17～G19），再确定回转方向。沿圆弧所在平面（例如 XY 平面）的另一坐标轴的正方向（＋Z）看去，顺时针方向为 G02 指令，逆时针方向为 G03 指令，如图 1-3-19 所示。

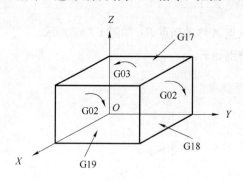

图 1-3-19　圆弧顺逆方向

格式：$G17 \left\{ \begin{matrix} G20 \\ G03 \end{matrix} \right\} X_ Y_ F_ \left\{ \begin{matrix} R_- \\ I_ J_ \end{matrix} \right\} F_ ；$

说明：

① X、Y、Z 表示圆弧终点坐标，可以用绝对方式编程，也可以用相对坐标编程，由 G90 或 G91 指，使用 G91 指令时是圆弧终点相对于起点的坐标。

② R 表示圆弧半径。

③ I、J、K 分别为圆弧的起点到圆心的 X、Y、Z 轴方向的增矢量。

使用 G02 或 G03 指令两种格式的区别：

① 当圆弧角小于或等于 180°时，圆弧半径 R 为正值，反之，R 为负值。

② 以圆弧始点到圆心坐标的增矢量（I、J、K）来表示，适合任何的圆弧角使用，得到的圆弧是唯一的。

③ 切削整圆时，为了编程方便采用（I、J、K）格式编程，不使用圆弧半径 R 格式。

【例 3-2】　已知点 A 为始点，点 B 为终点，如图 1-3-20 所示。

解：数控程序如下：

O001　　　　　　　　　　程序名

G90 G54 G02 I50.0 J0 F100；　　刀具从点 A 到点 A（整圆加工）

G03 X-50.0 Y40.0 R50.0；　　刀具从点 A 到点 B（采用半径 R 编程）

X-25.0 Y25.0 R-25.0；　　刀具从点 B 到点 C（采用半径 R 编程）

M30；

O002   程序名

G90 G54 G02 I50.0 J0. F100; 刀具从点 A 到点 A（整圆加工）

G03 X-50.0 Y40.0 I-50.0 J0; 刀具从点 A 到点 B（采用半径 I、J 编程）

X-25.0 Y25.0 I0. J-25.0;   刀具从点 B 到点 C（采用半径 I、J 编程）

M30;

（7）刀具半径补偿指令（G40、G41、G42）。

① 刀具半径补偿的步骤：建立刀补、执行刀补、撤销刀补。

② 刀具半径补偿 G41、G42 判别方法，如图 1-3-21 所示。规定沿着刀具运动方向看，刀具位于工件轮廓（编程轨迹）左边，则为左刀补（G41），反之，为刀具的右刀补（G42）。

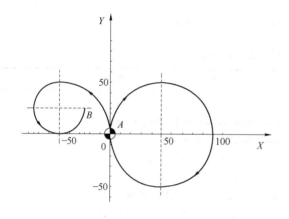

图 1-3-20　圆弧插补

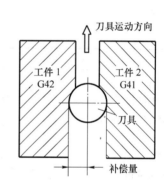

图 1-3-21　刀具半径补偿判别方法

$$格式：\begin{Bmatrix} G17 \\ G18 \\ G19 \end{Bmatrix} \begin{Bmatrix} G41 \\ G42 \\ G40 \end{Bmatrix} \begin{Bmatrix} X\_Y\_; \\ X\_Z\_;\ D\_; \\ Y\_Z\_; \end{Bmatrix}$$

说明：① 要在刀具切入工件之前建立刀具补偿，G41/G42 不能与非加工平面的坐标值在同一程序段，要在采用 G01、G02/G03 的程序段中建立刀具补偿；

② 要在刀具切出工件之后取消刀具补偿，G40 不能与非加工平面的坐标值在同一程序段，要在采用 G01 的程序段中取消刀具补偿。

【例 3-3】　加工图 1-3-22 所示的外轮廓，用刀具半径补偿指令编程。

外轮廓采用刀具半径左补偿，刀具从坐标原点 O 开始，经过点 A，最后经过点 J，回到点 O。数控加工程序如表 1-3-10 所示。

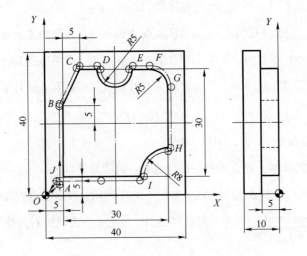

图 1-3-22　刀具半径补偿加工外轮廓

表 1-3-10　数控加工程序

程　　序	说　　明
O001	主程序
G90G54G17;	设置工件坐标系，采用绝对坐标编程，选择 XZ 加工平面
G00Z100.0S800M03;	刀具快速定位到安全高度，主轴正转
X0Y0;	刀具快速定位到 X0、Y0 处，安全高度不变
Z5.0M08;	刀具快速靠近工件表面，冷却液开
G01Z−5.0F100;	刀具以 100 mm/min 切削速度切入工件 5 mm 深
G41X5.0Y5.0D1;	刀具在移动到点 A 过程中，加入刀具半径左补偿指令
Y25.0;	刀具移动到点 B
X10.0Y35.0;	刀具移动到点 C
X15.0;	刀具移动到点 D
G03X25.0R5.0;	刀具移动到点 E
G01X30.0;	刀具移动到点 F
G02X35.0Y30.0R5.0;	刀具移动到点 G
G01Y13.0;	刀具移动到点 H
G03X27.0Y5.0R8.0;	刀具移动到点 I
G01X3.0;	刀具移动到点 J
G40X0Y0;	刀具移动到点 O，并取消刀具半径补偿
G00Z100.0M09;	刀具快速上升到安全高度，关闭切削液
M05;	主轴停转
M30;	程序结束，刀具返回机床参考点

建议：为了提高表面质量，保证零件曲面的平滑过渡，刀具最好沿零件轮廓延长线切入与切出。

（8）孔加工循环指令。

① 钻孔固定循环指令（G81）。

格式：$\left.\begin{matrix} G98 \\ G99 \end{matrix}\right\}$G81X_Y_R_Z_F_；

   …

   X_Y_；

   X_Y_；

   …

   G80；

说明：X、Y为孔的位置，R为钻孔安全高度；Z为钻孔深度；F为进给速度（mm/min）；G80指令表示固定循环取消。

② 深孔钻孔循环指令（G83）。

格式：$\left.\begin{matrix} G98 \\ G99 \end{matrix}\right\}$G83X_Y_R_Z_Q_F_；

   …

   X_Y_；

   X_Y_；

   …

   G80；

（9）简化编程指令。

① 子程序调用功能指令 M98。

子程序的调用方法，需要注意的是，子程序还可以调用另外的子程序。从主程序中被调用出的子程序称一重子程序。

在子程序中调用子程序与在主程序中调用子程序方法一致。

格式：M98 P i ii；

说明：i：重复调用次数，省略重复次数，则认为重复调用次数为1次；

   ii：子程序名；

例如：M98 P123；表示程序号为123的子程序被连续调用1次。

子程序中必须用 M99 指令结束子程序并返回主程序。

② 镜像功能 G50.1，G51.1。

格式： G51.1 X_Y_Z_；

   M98 P_；

   G50.1 X_Y_Z_；

说明：G51.1 为建立镜像；G50.1 为取消镜像；X、Y、Z为镜像位置。

【例3-4】 已知刀具起点为（0，0，100）处，要求使用镜像功能编制图 1-3-23 所示轮廓的加工程序。

刀具运动轨迹：刀具从坐标原点出发，铣削①→②→③→④，返回原点。

数控加工程序如表 1-3-11 所示。

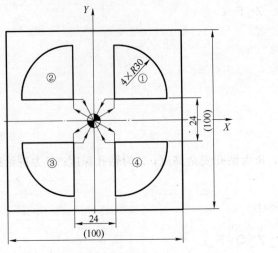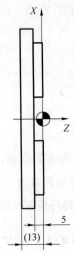

毛坯尺寸:100×100×13

图 1-3-23 零件图

表 1-3-11 数控加工程序

程　　　序	说　　　明
O24	主程序
G90 G54 G17；	加工前准备指令
G00 Z100 S600 M03；	快速定位到工件零点位置主轴正转
X0 Y0 M08；	冷却液开
Z5；	快速定位到安全高度
M98 P100；	加工①
G51. 1 X0；	Y轴镜像
M98 P100；	加工②
G51. 1 Y0；	X、Y轴镜像
M98 P100	加工③
G50. 1 X0；	Y轴镜像取消，X镜像继续有效
M98 P100；	加工④
G50. 1 Y0；	X轴镜像取消
G00 Z100；	快速返回
M09；	冷却液关
M05；	主轴停
M30；	程序结束
O100	子程序（①轮廓的加工程序）
G90 G01 Z−5 F100；	切削深度进给
G41 X12 Y10 D01；	建立刀补
Y42；	直线插补

程　　序	说　　明
G02 X42 Y12 R30；	圆弧插补
G01 X10 ；	直线插补
G40 X0 Y0；	取消刀补
G00 Z5；	快速返回到安全高度
M99；	子程序结束

③ 旋转变换 G68、G69。

使用格式：$\left.\begin{cases} G17 \\ G18 \\ G19 \end{cases}\right\} G68 \left.\begin{cases} X\_Y\_ \\ X\_Z\_ \\ Y\_Z\_ \end{cases}\right\} R\_；$

G69；

说明：G68：建立旋转；G69：取消旋转；X、Y、Z：旋转中心的坐标值；R：旋转角度，取值范围 0≤R≤360°；"＋"表示逆时针方向加工，"－"表示顺时针方向。可为绝对值，也可为增量值。

【例 3-5】　已知刀具起点为（0，0，100），使用旋转功能编制轮廓的加工程序，如图 1-3-24 所示。

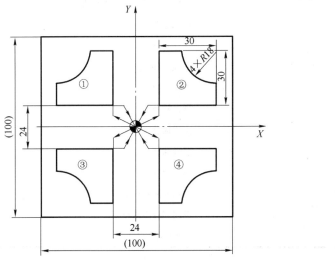

图 1-3-24　零件图

数控加工程序如表 1-3-12 所示。

表 1-3-12　数控加工程序

程　　序	说　　明
O24	主程序
G90 G54 G00 Z100；	加工前准备指令

程 序	说 明
X0 Y0；	快速定位到工件零点位置
S600 M03	主轴正转
Z5；	快速定位到安全高度
M08；	冷却液开
M98 P100；	加工①轮廓
G68 X0 Y0 R90	旋转中心为（0，0），旋转角度为90°
M98 P100；	加工②轮廓
G68 X0 Y0 R180	旋转中心为（0，0），旋转角度为180°
M98 P100；	加工③轮廓
G68 X0 Y0 R270；	旋转中心为（0，0），旋转角度为270°
M98 P100；	加工④轮廓
G69；	旋转功能取消
G00 Z100	快速返回到初始位置
M09；	冷却液关
M05；	主轴停
M30；	程序结束
O100	子程序（①轮廓加工轨迹）
G90 G01 Z—5 F120；	切削进给
G41 X12 Y10 D01 F200；	建立刀补
Y42；	直线插补
X24；	直线插补
G03 X42 Y24 R18；	圆弧插补
G01 Y12；	直线插补
X10；	直线插补
G40 X0 Y0；	取消刀补
G00 Z5；	快速返回到安全高度
X0 Y0；	返回到程序原点
M99；	子程序结束

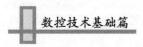 思考练习

1. 在有圆弧指令的程序段中，R 在什么情况下取正？什么情况下取负？
2. 加工整圆时，应用什么格式的编程指令？试写出程序段的格式。
3. 什么是子程序？子程序的格式是怎样的？

数控车削操作技能训练篇

学会操作数控车床

数控车床的类型和数控系统的种类很多，因此各生产厂家设计的操作面板也不尽相同，但操作面板中各种旋钮、按钮和键盘上键的基本功能与使用方法基本相同。本项目通过数控车床型号 CKA6150，选用 FANUC 0i 系统为例，介绍数控车床的操作。

一、项目要求

(1) 掌握数控车床基本操作方法。

(2) 掌握在数控车床编辑程序、对刀操作。

(3) 会用数控车床对零件进行车削加工。

二、相关知识

FANUC 0i 系统操作面板主要有 CRT/MDI 操作面板和机床操作面板。对于数控系统操作面板，只要是采用 FANUC 0i 系统，都是相同的；对于机床操作面板，会因生产厂家的不同而有所不同，主要是按钮和旋钮的位置和设置不同。

1. FANUC 0i 数控系统 CRT/MDI 操作面板

FANUC 0i 数控系统操作面板由两部分组成，左侧为显示屏，右侧为编程面板（MDI 编辑面板）。FANUC 0i Mate-TB 显示界面如图 2-1-1 所示。

(1) 数字/字母键及其功能。

数字/字母键及其功能说明如表 2-1-1 所示。

表 2-1-1　数字/字母键及其功能说明

功　能　键	功　能　说　明
O_P N_Q G_R 7_A 8_B 9_C X_U Y_V Z_W $4_{\uparrow}$ $5_{\downarrow}$ 6_{SP} M_I S_J T_K $1_{\leftarrow}$ $2_{\downarrow}$ $3_{\rightarrow}$ F_L H_D EOB_E $-_+$ $0_.$ $._,$	数字/字母键用于输入数据到输入区域，系统自动判别取字母还是取数字。字母和数字键通过按 **SHIFT** 键切换输入，例如，O—P，7—A

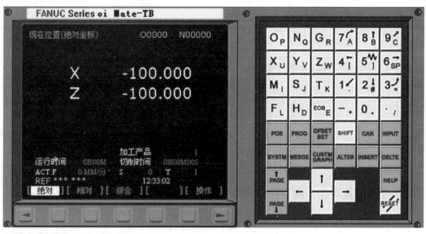

图 2-1-1　FANUC 0i 车床数控系统操作面板

（2）编辑键及其功能。编辑键及其功能说明如表 2-1-2 所示。

表 2-1-2　编辑键及其功能说明

功　能　键	功　能　说　明
ALTER	用输入的数据替换光标所在的数据
DELTE	删除光标所在的数据；删除一个程序或者删除全部程序
INSERT	把输入区之中的数据插入到当前光标之后的位置
CAN	删除输入区内的数据
EOB E	结束一行程序的输入并且换行
SHIFT	按下此键再按"数字/字母"键时，输入的是"数字/字母"键右下角的字母或符号。例如，直接按 X_U 键，输入的为 X，按 SHIFT 键的同时按 X_U，输入的为 U

（3）功能键。功能键及其说明如表 2-1-3 所示。

表 2-1-3　功能键及其说明

功　能　键	功　能　说　明
PROG	在 EDIT 方式下，编辑、显示存储器里的程序
POS	位置显示页面，显示现在机床的位置。位置显示有三种方式，可按 PAGE 按钮进行选择。
OFSET SET	参数输入页面。用于设定工件坐标系、显示补偿值和宏程序量
SYSTM	系统参数页面
MESGE	信息页面，例如"报警"

续表

功　能　键	功　能　说　明
CUSTM GRAPH	图形参数设置页面
HELP	系统帮助页面
RESET	当机床自动运行时，按下此键，则机床的所有操作都停止。此状态下若恢复自动运行，程序将从头开始执行

（4）翻页按钮键及其功能。翻页按钮键及其功能说明如表 2-1-4 所示。

表 2-1-4　翻页按钮键及其功能说明

功　能　键	功　能　说　明
PAGE↑	向上翻页
PAGE↓	向下翻页

（5）光标移动键及其功能。光标移动键及其功能说明如表 2-1-5 所示。

表 2-1-5　光标移动键及其功能说明

功　能　键	功　能　说　明
↑	向上移动光标
↓	向下移动光标
←	向左移动光标
→	向右移动光标

（6）输入键。输入键及其功能说明如表 2-1-6 所示。

表 2-1-6　输入键及其功能说明

功　能　键	功　能　说　明
INPUT	输入键，把输入区内的数据输入参数页面

2. FANUC 0i 数控系统机床操作面板

FANUC 0i 车床机床操作面板，主要用于控制机床运行状态，由操作模式开关、主轴转速倍率调整旋钮、进给速度调节旋钮、各种辅助功能选择开关、手轮、各种指示灯等组成，如图 2-1-2 所示。

各按钮功能介绍如表 2-1-7 所示。

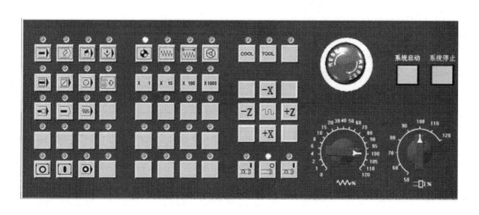

图 2-1-2 FANUC 0i 车床操作面板

表 2-1-7 FANUC 0i 数控操作面板各按钮功能说明

功　能　键	功　能　说　明
	AUTO 自动加工模式
	EDIT 编辑模式
	MDI 输入键
	增量进给
	手轮模式移动机床
	JOG 手动模式，手动连续移动机床
	用 232 电缆线连接 PC 机和数控机床，选择程序传输加工
	回参考点键
	循环启动键，模式选择旋钮在 AUTO 和 MDI 位置时按下有效，其余时间按下无效
	程序停止键，在程序运行中，按下此按钮停止程序运行
	手动主轴正转
	手动主轴反转
	手动停止主轴
	单步执行开关，每按一次程序启动执行一条程序指令

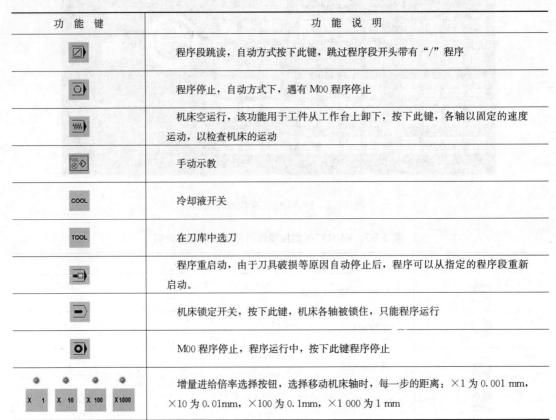

功 能 键	功 能 说 明
	程序段跳读，自动方式按下此键，跳过程序段开头带有"/"程序
	程序停止，自动方式下，遇有M00程序停止
	机床空运行，该功能用于工件从工作台上卸下，按下此键，各轴以固定的速度运动，以检查机床的运动
	手动示教
	冷却液开关
	在刀库中选刀
	程序重启动，由于刀具破损等原因自动停止后，程序可以从指定的程序段重新启动。
	机床锁定开关，按下此键，机床各轴被锁住，只能程序运行
	M00程序停止，程序运行中，按下此键程序停止
	增量进给倍率选择按钮，选择移动机床轴时，每一步的距离：×1为0.001 mm，×10为0.01mm，×100为0.1mm，×1 000为1 mm

三、项目实施

工件的加工程序编制完成后，程序正确与否、刀具路径是否合理、工艺参数是否合适，需要在数控机床上试加工。下面根据 FANUC 0i 数控车床的功能，练习机床的操作步骤。

任务一　开机与关机

(1) 开机。

① 检查机床初始状态，以及控制柜前的前、后门是否关好。

② 合上机床后面的空气开关，手柄的指示标志到 ON 的位置。

③ 确定机床电源接通后，按下机床操作面板上的"系统启动"按钮，进入数控系统的界面，右旋松开"急停"按钮，系统复位，对应于目前的加工方式为"手动"。

④ 回参考点，也称回零。按下机床操作面板上的"回零"按钮。按"＋X"按钮，再按"＋Z"按钮，观察坐标位置，当坐标位置为零时，回零批示灯亮了，表示已回到参考点。

(2) 关机。

① 确认机床的运动全部停止，按下机床操作面板上的"系统停止"按钮，CNC 系统电源被切断。

② 将主电源开关置于 OFF 位置，切断机床电源。

任务二　手动操作

（1）点动操作。按"手动"按钮，先设定进给修调倍率，再按"＋Z"或"－Z"、"＋X"、"－X"按钮，坐标轴连续移动；在点动进给时，同时按下"快进"按钮，则产生相应轴的正向或负向快速运动。

（2）增量进给。按下机床操作面板上的"增量"按钮（指示灯亮），按一下"＋Z"或"－Z"、"＋X"、"－X"按钮，则沿选定的方向移动一个增量值。请注意与"点动"操作的区别，此时按住"＋Z"或"－Z"、"＋X"、"－X"按钮不放开，也只能移动一个增量值，不能连续移动。

增量进给的增量值由"×1"、"×10"、"×100"、"×1 000"四个增量倍率按钮控制。增量倍率按钮和增量值的对应关系如表2-1-8所示。

表2-1-8　增量倍率对应值

名　称	数　值			
增量倍率按键	×1	×10	×100	×1 000
增量值/mm	0.001	0.01	0.1	1

（3）手摇进给。以X轴为例，说明手摇进给操作方法。将坐标轴选择开关置于X档，顺时针/逆时针旋转手摇脉冲发生器一格，可控制X轴向正向或负向移动一个增量值。连续发生脉冲，则连续移动机床坐标轴。

手摇进给的增量值由三个增量倍率"×1"、"×10"、"×100"按钮控制。增量倍率按键和增量值的对应关系如表2-1-9所示。

表2-1-9　手摇增量倍率对应值

名　称	数　值		
增量倍率按键	×1	×10	×100
增量值/mm	0.001	0.01	0.1

任务三　输入程序

程序输入有手动输入和自动输入两种方式。由于数控车床零件比较简单，主要以手动输入为主。

（1）手动输入程序。

① 按下机床操作面板上的EDIT按钮，系统进入程序编辑状态。

② 按PROG键，进入程序页面。

③ 键入地址O及要存储的程序号，输入的程序名不可以与已有的程序名重复。

④ 先按EOB键后，再按INSERT键，开始程序输入。

⑤ 先按EOB键后，再按INSERT键换行后再继续输入。

（2）自动输入程序。自动输入程序也是在EDIT状态下，通过RS-232数据接口传输或者通过CF卡通道进行传输。

任务四　程序的校验

程序在每次加工前都要进行校验，原因在于手动输入程序存在弊端，容易出错。而自动输入的程序一般会用专门的程序校验软件进行校验。程序校验步骤如下：

① 按 EDIT 按钮，系统进入编辑状态，输入需要校验的程序名，按"向下"光标键。

② 复位程序。按下 RESERT 按钮，使程序复位到程序的开头。

③ 按 AUTO "自动运行"键，同时按"机床锁住"键和另一个"空运行"键。

④ 按 CUSTM/GRAPH 键打开图形显示画面，按下"图形"软键。

⑤ 按下"循环启动"按钮，程序开始进行校验，观察图形画面的刀具路径。

任务五 对刀操作

对刀就是在机床上设置刀具偏移或设定工件坐标系的过程。

(1) 设置主轴旋转。

① 按下机床操作面板上的 MDI 按钮。

② 按下 PROG 按钮，进入 MDI 输入窗口。

③ 先按 EOB 键，再按 INSERT 键确定。

④ 在数据输入行输入"M03 S600"按 EOB 键，再按 INSERT 键。

⑤ 按"循环启动"按钮，主轴正转。

(2) 对刀步骤。假设工件原点在工件右端面中心上，采用试刀法进行对刀。

① 主轴转动到合适转速。

② 用外圆车刀先试切一外圆，测量外圆直径后，按 OFSETSET 键→"补正"→"形状"输入"外圆直径值"，按"测量"键，完成刀具的 X 轴对刀。

③ 用外圆车刀再试切外圆端面，按 OFSETSET 键→"补正"→"形状"输入"Z 0"，按"测量"键，完成刀具的 Z 轴对刀。

任务六 切削加工

零件加工有首件试切加工和批量加工两种。首件试切加工的程序还不完善，各切削用量参数还是理论值，程序刀路不确定；而批量加工的程序已经成熟。

(1) 首件试切加工步骤。

① 调出加工程序。

② 复位程序。

③ 把进给倍率调整到 50%，快速倍率调整到 25%。

④ 按 AUTO 按钮和"单步运行"按钮。

⑤ 按"循环启动"按钮。

⑥ 调整进给倍率和主轴倍率到最佳状态。

⑦ 取消单步运行，采用自动循环加工。

(2) 批量加工步骤

① 调出加工程序。

② 复位程序。

③ 把进给倍率调整到 100%，主轴倍率调整到 100%，快速倍率调整到 100%。

④ 按 AUTO 按钮。

⑤ 按"循环启动"按钮。

四、项目评价

机床操作评分表如表 2-1-10 所示。

表 2-1-10 操作评分表（数控车编程与加工考核表）

班级		姓名		学号	
项目名称		机床基本操作		日期	
序号	检测项目		配分	评分	
1	开机检查、开机顺序正确		6		
2	回机床参考点		6		
3	程序编制与输入		10		
4	工件定位、装夹方式合理、可靠		8		
5	刀具选择、装夹正确		6		
6	试切法对刀，建立工件坐标系		10		
7	各种参数设置正确		6		
8	刀具及切削参数合理		8		
9	指令正确、合理，适合自动加工		5		
10	加工完成后，环境卫生清洁		5		
11	量具的正确使用		7		
12	工、量、刃具的正确摆放		5		
13	着装得体、安全文明生产		8		
14	行为规范，纪律表现		10		
综合得分			100		

五、项目总结

数控车床的类型和数控系统的种类很多，因此各生产厂家设计的操作面板也不尽相同，但操作面板中各种旋钮、按钮和键盘上键的基本功能与使用方法基本相同。

在操作中，要注意各按钮的含义。在对刀时工件装夹要牢靠，首件加工前必须进行图形模拟加工，避免程序错误，刀具撞刀。

思考练习

1. 简述数控车床的基本操作。

2. 数控车床有哪些功能键？各有什么作用？

3. 简述数控车床对刀的过程。

加工阶台轴

一、项目要求

(1) 掌握阶台轴类零件加工工艺制订方法。

(2) 掌握 G70、G71 指令，会编写简单数控加工程序。

(3) 熟悉相关工、量、夹具并能熟练操作机床。

二、相关知识

(1) 识读零件图样。

图 2-2-1 所示为阶台轴的零件图和立体图。尺寸精度和表面质量要求均较高的有 $\phi 42$ 和 $\phi 32$

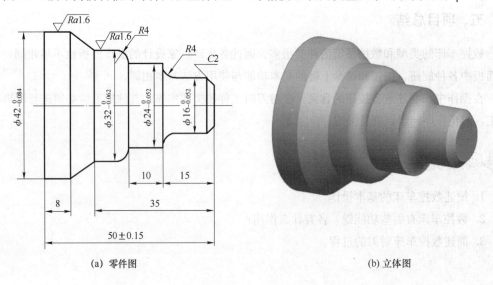

(a) 零件图   (b) 立体图

图 2-2-1 阶台轴

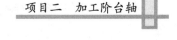

外圆表面，除此之外 φ24 和 φ16 的外圆表面及轴长 50 的尺寸精度要求也较高，加工时应注意。另外还要注意保证圆锥面的表面质量。零件材料为 45 钢。毛坯规格为 φ45×70 mm。

（2）选择刀具及切削用量。

表 2-2-1 所示为根据零件轮廓形状、尺寸精度要求选用的刀具参数。

表 2-2-1 刀 具 卡 片

序号	刀具号	刀具类型	刀具参数	主轴转速 n /（r/min）	进给量 f /（mm/r）
1	T0101	90°粗外圆车刀	$R=0.4$	5 00	0.3
2	T0202	35°精外圆车刀	$R=0.2$	1 000	0.1
3	T0303	切断刀	$B=4$	350	0.05
编制		审核		批准	

（3）制定工艺路线。

① 夹紧工件毛坯，伸出卡盘 55 mm。

② 粗车零件各外形轮廓。

③ 精车零件外形轮廓至图样尺寸要求。

④ 切断、校核。

（4）填写工艺卡片。数控加工工艺卡片如表 2-2-2 所示。

表 2-2-2 数控加工工艺卡片

数控加工工序卡		产品名称		项目名称		零件图号	
				台阶轴加工			
工序号		程序编号	夹具名称	使用设备		车间	
			三爪自定义卡盘	数控车（CKA6136）		数控实训中心	
工步	工步内容		刀具号	主轴转速 n /（r/min）	进给量 f /（mm/r）	背吃刀量 a_p/mm	备注
1	粗车工件外轮廓		T0101	500	0.25	2	
2	精车工件外轮廓		T0202	1 000	0.1	0.5	
3	切断		T0303	350	0.05		
编制		审核		批准		共1页	第1页

三、项目实施

任务一　编制加工程序

数控加工程序单如表 2-2-3 所示。

表 2-2-3 数控加工程序单

数控加工程序单	项目序号	002	项目名称	台阶轴加工
	数控系统	FANUC 0i	编程原点	右端面轴心线
程序内容		说明		
O0001		程序号		
N02 T0101;		调用1号刀		

数控加工程序单	项目序号	002	项目名称	台阶轴加工
	数控系统	FANUC 0i	编程原点	右端面轴心线

程序内容	说明
N04 M3 S500；	主轴正转，转速 500 r/min
N06 G0 X45 Z5；	快速定位，接近工件
N08 G71 U2 R1；	调用外圆粗车循环
N10 G71 P12 Q32 U0.5 W0 F0.25；	设置粗车循环参数
N12 G0 X12；	粗车轮廓描述 N12—N32 段
N14 G1 Z0 F0.1；	
N16 X16 Z—2；	
N18 Z—11；	
N20 G2 X24 Z—15 R4；	
N22 G1 Z—25；	
N24 G3 X32 Z—29 R4；	
N26 G1 Z—35；	
N28 X42 Z—42；	
N30 Z—50；	
N32 X45；	
N34 G0 X100 Z100 M5；	快速返回换刀点，主轴停止
N36 M00；	程序暂停
N38 T0202；	调用 2 号刀
N40 M3 S1000；	主轴正转，转速 1 000 r/min
N42 G0 X45 Z5；	快速定位，接近工件
N44 G70 P12 Q32；	调用外圆精车循环
N46 G0 X100 Z100 M5；	快速返回，主轴停止
N48 M30；	程序结束

任务二 零件的加工和检测

（1）工、量、刃具准备清单。零件工、量、刃具准备清单如表 2-2-4 所示。

表 2-2-4 工量刃具准备清单

序号	名称	规格	数量	备注
1	游标卡尺	0～150 mm	1	
2	千分尺	0～25 mm、25～50 mm	各1	
3	半径规	$R1～R6.5$	1	
4	百分表及表座	0～10 mm	1	
5	端面车刀		1	
6	外圆车刀	副偏角大于 30°	2	

序号	名称	规格	数量	备注
7	切断车刀	宽为 4～5 mm，长为 25 mm	1	
8		① 垫刀片若干、油石、厚 0.2 mm 铜皮等；		
9	其他附具	② 函数型计算器；		
10		③ 其他车工常用辅具		
11	材 料	45 钢，$\phi45 \times 80$ mm		
12	数控系统	SINUMERIK、FANUC 或华中 HNC 数控系统		

（2）输入程序、装夹工件、对刀并切削加工工件，注意加工尺寸与精度的控制，加工尺寸应达图样要求。

四、项目评价

零件加工结束后进行检测，对工件进行误差与质量分析，将结果写在项目实施评价表中，如表 2-2-5 所示。

表 2-2-5　项目实施评价表

评分表		项目序号	2	检测编号		
参核项目		考核要求	配分	评分标准	检测结果	得分
尺寸项目	1	$\phi16-{}_{0.052}^{0}$　　$Ra1.6$	9/4	超差不得分		
	2	$\phi24-{}_{0.052}^{0}$　　$Ra1.6$	9/4	超差不得分		
	3	$\phi32-{}_{0.062}^{0}$　　$Ra1.6$	9/4	超差不得分		
	4	$\phi42-{}_{0.084}^{0}$　　$Ra1.6$	9/4	超差不得分		
	5	8	5	超差不得分		
	6	10	5	超差不得分		
	7	15	5	超差不得分		
	8	35	5	超差不得分		
	9	50 ± 0.15	7	超差不得分		
	10	$R4$ 两处	3/3	超差不得分		
	11	$C2$	3	超差不得分		
	12					
	13					
	14					
	15					
	16					
	17					
	18					
	19					
	20					
	21					
	22					
	23					

续表

评分表		项目序号	2	检测编号		
参核项目		考核要求	配分	评分标准	检测结果	得分
其他	1	安全生产	6	违反有关规定扣 1～3 分		
	2	文明生产	6	违反有关规定扣 1～2 分		
	3	接叶定成		超时≤15min 扣 5 分		
				超时>15～30 min 扣 10 分		
				超时>30 min 不计分		
总配分			100	总分		
工时定额		70 min		监考		日期
加工开始： 时 分		停工时间		加工时间	检测	日期
加工结束： 时 分		停工原因		实际时间	评分	日期

五、项目总结

在数控编程过程中，针对不同的数控系统，其数控程序的程序开始和程序结束是相对固定的，包括一些机床信息，例如，机床回零、工件零点设定、主轴启动、冷却液开启等功能，例如，上述程序 O0001 中第一个 G71 指令前的程序段。因此，在实际编程过程中，我们通常将数控程序的程序开始和程序结束编写成相对固定格式，从而减少编程工作量。

 思考练习

1. 试写出 G90 的指令格式。
2. 简述 G70 指令的功用，并写出其指令格式。

加工螺纹轴 1

一、项目要求

(1) 掌握螺纹轴类零件加工工艺制订方法。

(2) 掌握 G92 指令及其应用。

(3) 熟悉相关工、量、夹具并能熟练操作机床。

二、相关知识

(1) 识读图样。图 2-3-1 所示为螺纹轴的零件图和立体图。该零件是由圆柱面、圆锥面、倒圆、倒角、沟槽及螺纹等表面组成，其中尺寸精度和表面质量要求均较高的有 $\phi42$ 和 $\phi34$ 外圆表面，加工时应保证两外圆表面的精度以及螺纹的精度。零件材料为 45 钢。毛坯规格为 $\phi45\times90$ mm。

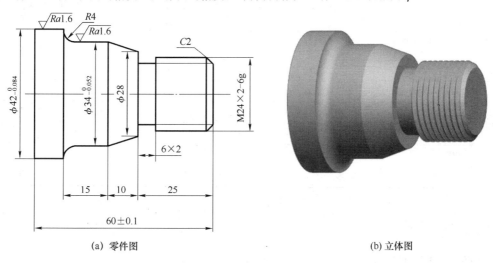

(a) 零件图　　　　　　　　　　(b) 立体图

图 2-3-1　螺纹轴 1

（2）选择刀具及切削用量。表 2-3-1 所示为根据零件轮廓形状、尺寸精度要求选用刀具的参数。

表 2-3-1　刀具卡片

序号	刀具号	刀具类型	刀具参数	主轴转速 n / (r/min)	进给量 f / (mm/r)
1	T0101	90°粗外圆车刀	$R=0.4$	500	0.3
2	T0202	35°精外圆车刀	$R=0.2$	1 000	0.1
3	T0303	切槽刀	$B=4$	350	0.05
4	T0404	外螺纹刀	刀尖60°	1 000	2
5	T0505	切断刀	$B=4$	350	0.05
编制		审核		批准	

（3）制定工艺路线。

① 夹紧工件毛坯，伸出卡盘 70 mm。

② 粗车零件各外形轮廓。

③ 精车零件外形轮廓至图纸尺寸要求。

④ 切螺纹退刀槽。

⑤ 车三角形外螺纹。

⑥ 切断、校核。

（4）填写工艺卡片。数控加工工艺卡片如表 2-3-2 所示。

表 2-3-2　数控加工工艺卡片

数控加工工序卡		产品名称	项目名称		零件图号	
			螺纹轴加工1			
工序号	程序编号	夹具名称	使用设备		车间	
		三爪自定义卡盘	数控车（CKA6136）		数控实训中心	
工步	工步内容	刀具号	主轴转速 n /(r/min)	进给量 f /(mm/r)	背吃刀量 a_p/mm	备注
1	粗车工件外轮廓	T0101	500	0.25	2	
2	精车工件外轮廓	T0202	1 000	0.1	0.5	
3	切退刀槽	T0303	350	0.05		
4	车螺纹	T0404	1 000			
5	切断	T0505	350	0.05		
编制		审核		批准	共1页	第1页

三、项目实施

任务一　编制加工程序

数控加工程序单如表 2-3-3 所示。

表 2-3-3　数控加工程序单

数控加工程序单	项目序号	003	项目名称	螺纹轴加工1
	数控系统	FANUC 0i	编程原点	右端面轴心线
程序内容		说明		

程序内容	说明
O0001	程序号
N02 T0101；	调用1号刀
N04 M3 S500；	主轴正转，转速 500 r/min
N06 G0 X45 Z5；	快速定位，接近工件
N08 G71 U1 R1；	调用外圆粗车循环
N10 G71 P12 Q30 U0.5 W0 F0.25；	设置粗车循环参数
N12 G0 X20；	粗车轮廓描述 N12—N30 段
N14 G1 Z0 F0.1；	
N16 X23.8 Z—2；	
N18 Z—25；	
N20 X28 C0.2；	
N22 X34 Z—35；	
N24 Z—46；	
N26 G2 X42 Z—50 R4；	
N28 G1 Z—60；	
N30 X45；	
N32 G0 X100 Z100 M5；	快速返回换刀点，主轴停止
N34 M0；	程序暂停
N36 T0202；	调用2号刀
N38 M3 S1000；	主轴正转，转速 1 000 r/min
N40 G0 X45 Z5；	快速定位，接近工件
N42 G70 P6 Q15；	调用外圆精车循环
N44 G0 X100 Z100 M5；	快速返回，主轴停止
N46 M00；	程序暂停
N50 T0303；	调用三号刀
N52 M3 S350；	主轴正转，转速 350 r/min
N54 G0 X30 Z—25；	快速定位，接近工件
N56 G1 X20 F0.05；	切退刀槽
N58 G0 X30；	退刀
N60 W2；N62 G1 X20 F0.05；	切退刀槽
N64 G00 X30；	退刀
N66 G0 X150；	
N68 Z100 M5；	
N70 M00；	程序暂停

数控加工程序单	项目序号	003	项目名称	螺纹轴加工 1
	数控系统	FANUC 0i	编程原点	右端面轴心线

程序内容	说明
N72 T0404；	调用 4 号刀
N74 M3 S1000；	主轴正转，转速 1 000 r/min
N76 G0 X30 Z5；	快速定位，接近工件
N78 G92 X23.3 Z－22 F2；	车螺纹，螺距为 2 mm
N80 X22.9；	
N82 X22.5；	
N84 X22.3；	
N86 X22.2；	
N88 G0 X100 Z100 M5；	快速返回，主轴停止
N90 M30；	程序结束

任务二　零件的加工和检测

（1）工、量、刃具准备清单。零件工、量、刃具准备清单如表 2-3-4 所示。

表 2-3-4　工量刃具准备清单表

序号	名称	规格	数量	备注
1	游标卡尺	0～150 mm	1	
2	千分尺	0～25 mm、25～50 mm	各 1	
3	半径规	$R1～R6.5$	1	
4	百分表及表座	0～10 mm	1	
5	端面车刀		1	
6	外圆车刀	副偏角大于 30°	2	
7	三角螺纹车刀		1	
8	切槽、切断车刀	宽为 4～5 mm，长为 25 mm	1	
9		① 垫刀片若干、油石、厚 0.2 mm 铜皮等；		
10	其他附具	② 函数型计算器；		
11		③ 其他车工常用辅具		
12	材　料	45♯钢，$\phi45\times90$ mm		
13	数控系统	SINUMERIK、FANUC 或华中 HNC 数控系统		

（2）输入程序、装夹工件、对刀并切削加工工件，注意加工尺寸与精度的控制，加工尺寸应达图样要求。

四、项目评价

零件加工结束后进行检测，对工件进行误差与质量分析，将结果写在项目实施评价表中，如表 2-3-5 所示。

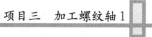

表 2-3-5　项目实施评价表

评分表		项目序号	3	检测编号		
参核项目		考核要求	配分	评分标准	检测结果	得分
尺寸项目	1	$\phi34-^{0}_{0.052}$　　　　$Ra1.6$	10/4	超差不得分		
	2	$\phi42-^{0}_{0.084}$　　　　$Ra1.6$	10/4	超差不得分		
	3	M24×2－6g	8	超差不得分		
	4	M24×2－6g	12	超差不得分		
	5	M24×2－6g	5	超差不得分		
	6	6×2	3	超差不得分		
	7	10	6	超差不得分		
	8	15	6	超差不得分		
	9	25	6	超差不得分		
	10	60±0.1	8	超差不得分		
	11	$R4$	3	超差不得分		
	12	$C2$	3	超差不得分		
	13					
	14					
	15					
	16					
	17					
	18					
	19					
	20					
	21					
	22					
	23					
其他	1	安全生产	6	违反有关规定扣 1～3 分		
	2	文明生产	6	违反有关规定扣 1～2 分		
	3	按时定成		超时≤15 min 扣 5 分		
				超时＞15～30 min 扣 10 分		
				超时＞30 min 不计分		
总配分			100	总分		
工时定额		70 min		监考		日期
加工开始：　时　分		停工时间		加工时间	检测	日期
加工结束：　时　分		停工原因		实际时间	评分	日期

五、项目总结

在机械制造业中采用数控车削的方法加工螺纹是目前常用的方法。与普通车削相比，螺纹车削的进给速度要高出 10 倍，螺纹刀片刀尖处的作用力要高 100～1 000 倍，切削速度较快，切削力较大和作用力聚集范围较窄，导致螺纹的加工难度高。所以在加工时可从刀具、冷却液和程序的编制三方面来提高数控车削螺纹的精度。此外在加工时工件一定要夹紧，以防车削时打滑飞出伤人和扎刀，注意安全文明生产。

1. 车螺纹时，主轴转速确定应遵循哪些原则？

2. 车削 M30×1.5 的外螺纹零件（材料为 45 钢），试确定实际车削时外圆柱面的直径 d_{j1}、螺纹实际牙型高度和螺纹实际小径 d_{j2}。

加工螺纹轴 2

项目四

一、项目要求

(1) 巩固螺纹轴类零件加工工艺制订方法。

(2) 掌握 G73 指令及其应用。

(3) 掌握保证尺寸精度的方法。

二、相关知识

(1) 识读图样。图 2-4-1 所示为螺纹轴的零件图和立体图。该轴上有一处凹形圆弧面，其圆弧圆心是由两个定位尺寸 13. 5 和 31 确定的，加工时要注意圆弧面的表面质量。φ42、φ30 和 φ20 外圆表面的尺寸精度和表面质量要求均较高，加工时应保证三个外圆表面的精度以及螺纹的精度。零件材料为 45 钢。毛坯规格为 φ45×110 mm。

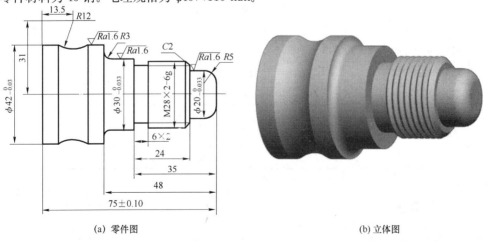

(a) 零件图   (b) 立体图

图 2-4-1 螺纹轴 2

（2）选择刀具及切削用量。表 2-4-1 所示为根据零件轮廓形状、尺寸精度要求选用刀具的参数。

表 2-4-1 刀 具 卡 片

序号	刀具号	刀具类型	刀具参数	主轴转速 n /(r/min)	进给率 f /(mm/r)
1	T0101	90°粗外圆车刀	$R=0.4$	500	0.3
2	T0202	35°精外圆车刀	$R=0.2$	1 000	0.1
3	T0303	切槽刀	$B=4$	350	0.05
4	T0404	外螺纹刀	刀尖 60°	1 000	2
5	T0505	切断刀	$B=4$	350	0.05
编制		审核		批准	

（3）制定工艺路线。

① 夹紧工件毛坯，伸出卡盘 85 mm。

② 粗车零件各外形轮廓。

③ 精车零件外形轮廓至图纸尺寸要求。

④ 切螺纹退刀槽。

⑤ 车三角形外螺纹。

⑥ 切断、校核。

（4）填写工艺卡片。数控加工工艺卡片如表 2-4-2 所示。

表 2-4-2 数控加工工艺卡片

数控加工工序卡		产品名称	项目名称		零件图号	
			螺纹轴加工 2			
工序号	程序编号	夹具名称	使用设备		车间	
		三爪自定义卡盘	数控车（CKA6136）		数控实训中心	
工步	工步内容	刀具号	主轴转速 n /(r/min)	进给量 f /(mm/r)	背吃刀量 a_p/mm	备注
1	粗车工件外轮廓	T0101	500	0.25	2	
2	精车工件外轮廓	T0202	1 000	0.1	0.5	
3	切退刀槽	T0303	350	0.05		
4	车螺纹	T0404	1 000			
5	切断	T0505	350	0.05		
编制		审核		批准	共 1 页	第 1 页

三、项目实施

任务一　编制加工程序

数控加工程序单如表 2-4-3 所示。

表 2-4-3　数控加工程序单

数控加工程序单	项目序号	004	项目名称	螺纹轴加工 2
	数控系统	FANUC 0i	编程原点	右端面轴心线
程序内容	说明			

程序内容	说明
N02 T0101；	调用 1 号刀
N04 M3 S500；	主轴正转，转速 500 r/min
N06 G0 X45 Z5；	快速定位，接近工件
N08 G71 U1 R1；	调用外圆粗车循环
N10 G71 P12 Q34 U0.5 W0 F0.25；	设置粗车循环参数
N12 G0 X10；	粗车轮廓描述 N12—N32 段
N14 G1 Z0 F0.1；	
N16 G3 X20 Z—5 R5；	
N18 G1 Z—11；	
N20 X27.8 C2；	
N22 Z—35；	
N24 X30 C0.5；	
N26 Z—45；	
N28 G2 X36 Z—48 R3；	
N30 G1 X42 C0.5；	
N32 Z—75；	
N34 X45；	
N36 G0 X100 Z100 M5；	快速返回换刀点，主轴停止
N38 M00；	程序暂停
N40 T0202；	调用 2 号刀
N42 M3 S1000；	主轴正转，转速 1 000 r/min
N44 G0 X45 Z5；	快速定位，接近工件
N46 G70 P12 Q34；	调用外圆精车循环
N48 G0 X100 Z100 M5；	快速返回，主轴停止
N50 M00；	程序暂停
N52 T0202；	调用 2 号刀
N54 M3 S500；	主轴正转，转速 500 r/min
N56 G0 X45 Z5；	快速定位，接近工件
N58 G73 U3 R3；	调用仿形加工循环
N60 G73 P62 Q70 U0.5 W0 F0.2；	什么循环指令参数
N62 G0 X45；	轮廓描述 N62—N70
N64 G1 Z0 F0.1；	
N66 G2 X42 W—13.27 R12；	
N68 G1 X45；	

续表

数控加工程序单		项目序号	004	项目名称	螺纹轴加工2
		数控系统	FANUC 0i	编程原点	右端面轴心线
程序内容		说明			
N70 G0 Z5；					
N72 G0 X100 Z100 M5；		快速返回，主轴停止			
N74 M00；		程序暂停			
N76 T0202；		调用2号刀			
N78 M3 S1000；		主轴正转，转速1 000 r/min			
N80 G0 X45 Z5；		快速定位，接近工件			
N82 G70 P62 Q70；		调用外圆精车循环			
N84 G0 X100 Z100 M5；		快速返回，主轴停止			
N86 M00；		程序暂停			
N88 T0303；		调用3号刀			
N90 M3 S350；		主轴正转，转速350 r/min			
N92 G0 X33 Z−35；		快速定位，接近工件			
N94 G1 X24 F0.05；		切退刀槽			
N96 X33 F2；		快速退刀			
N98 W2；		定位			
N100 X24 F0.05；		切退刀槽			
N102 X33 F2；					
N104 G0 X100；		快速返回			
N106 Z100 M5；		主轴停止			
N108 M00；		程序暂停			
N110 T0404；		调用4号刀			
N112 M3 S1000；		主轴正转，转速1 000 r/min			
N114 G0 X33 Z5；		快速定位，接近工件			
N116 G92 X27.3 Z−31 F2；		调用螺纹循环			
N118 X26.9；					
N120 X26.5；					
N122 X26.1；					
N124 X25.7；					
N126 X25.4；					
N128 X25.2；					
N130 G0 X100 Z100 M5；		快速返回，主轴停止			
N132 M30；		程序结束			

任务二　零件的加工和检测

（1）工、量、刃具准备清单。零件工、量、刃具准备清单如表2-4-4所示。

表2-4-4　工量刃具准备清单

序号	名称	规格	数量	备注
1	游标卡尺	0～150 mm	1	
2	千分尺	0～25 mm、25～50 mm	各1	
3	半径规	$R1～R6.5$、$R7～R15$	各1	
4	百分表及表座	0～10 mm	1	
5	端面车刀		1	
6	外圆车刀	副偏角大于30°	2	
7	三角螺纹车刀		1	
8	切槽、切断车刀	宽为4～5 mm，长为25 mm	1	
9		①垫刀片若干、油石、厚0.2 mm铜皮等；		
10	其他附具	②函数型计算器；		
11		③其他车工常用辅具		
12	材料	45♯钢，$\phi45×110$ mm		
13	数控系统	SINUMERIK、FANUC或华中HNC数控系统		

（2）输入程序、装夹工件、对刀并切削加工工件，注意加工尺寸与精度的控制，加工尺寸应达图样要求。

四、项目评价

零件加工结束后进行检测，对工件进行误差与质量分析，将结果写在项目实施评价表中，如表2-4-5所示。

表2-4-5　操作评分表

评分表		项目序号	4	检测编号		
参核项目		考核要求	配分	评分标准	检测结果	得分
尺寸项目	1	$\phi20^{~0}_{-0.052}$　　$Ra1.6$	7/3	超差不得分		
	2	$\phi30^{~0}_{-0.033}$　　$Ra1.6$	7/3	超差不得分		
	3	$\phi42^{~0}_{-0.03}$　　$Ra1.6$	7/3	超差不得分		
	4	M28×2－6g	6	超差不得分		
	5	M28×2－6g	3	超差不得分		
	6	M28×2－6g	3	超差不得分		
	7	6×2	2	超差不得分		
	8	31	4	超差不得分		
	9	13.5	4	超差不得分		
	10	24	4	超差不得分		

评分表		项目序号		4	检测编号		
参核项目		考核要求		配分	评分标准	检测结果	得分
尺寸项目	11	35		4	超差不得分		
	12	48		4	超差不得分		
	13	75±0.10		7	超差不得分		
	14	$R3$		3	超差不得分		
	15	$R5$		3	超差不得分		
	16	$R12$		3	超差不得分		
	17	$C2$		3	超差不得分		
	18						
	19						
	20						
	21						
	22						
	23						
其他	1	安全生产		6	违反有关规定扣 1～3 分		
	2	文明生产		6	违反有关规定扣 1～2 分		
	3	按时定成			超时≤15 min 扣 5 分		
					超时＞15～30 min 扣 10 分		
					超时＞30 min 不计分		
总配分				100	总分		
工时定额			70 min		监考		日期
加工开始: 时 分		停工时间			加工时间	检测	日期
加工结束: 时 分		停工原因			实际时间	评分	日期

五、项目总结

虽然仿形车切削循环 G73 可以加工内凹的轮廓，但由于该指令主要使用与已成形的工件（如锻件、铸件等）的粗车加工。因此，加工本例工件时，刀具的空行程较多，切削效率较低。解决的方案是可采用 G71 指令先进行粗加工，再用 G73 指令进行半精加工和精加工。

思考练习

1. 试述 FANUC 系统 G71、G72、G73 指令不同之处。
2. 试述 FANUC 系统 G71 指令和 G94 指令的不同之处。

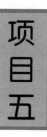

加工传动轴 1

项目五

一、项目要求

（1）掌握两次装夹加工螺纹轴类零件工艺方法的制订。

（2）会制订合理的加工路线。

（3）掌握修正零件尺寸精度的方法。

二、相关知识

（1）识读图样。图 2-5-1 所示为传动轴的零件图和立体图。该项目是在前几个训练项目的基础上，综合训练学生车削各种外圆表面的技能和技巧。该轴是由圆柱面、圆锥面、圆弧面、倒角、沟槽及螺纹等结构组成。φ42、φ36 和 φ32 外圆表面的尺寸精度和表面质量要求均较高，加工时要注意。除此之外，还要保证螺纹轴、圆锥面和圆弧凹面的表面质量。零件材料为 45 钢。

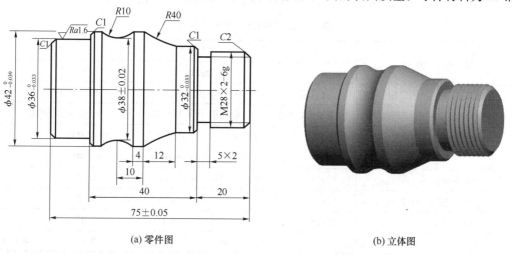

(a) 零件图　　　　　　　　　　　　　(b) 立体图

图 2-5-1　传动轴 1

毛坯规格为 $\phi45\times80$ mm。

(2) 选择刀具及切削用量。表 2-5-1 所示为根据零件轮廓形状、尺寸精度要求选用刀具的参数。

表 2-5-1　刀 具 卡 片

序号	刀具号	刀具类型	刀具参数	主轴转速 n /(r/min)	进给量 f /(mm/r)
1	T0101	90°粗外圆车刀	$R=0.4$	500	0.3
2	T0202	35°精外圆车刀	$R=0.2$	1 000	0.1
3	T0303	切槽刀	$B=4$	350	0.05
4	T0404	外螺纹刀	刀尖60°	1 000	2
5	T0505	切断刀	$B=4$	350	0.05
编制		审核		批准	

(3) 制定工艺路线。

工序一：

① 三爪自定心卡盘夹毛坯伸出约 45 mm，车端面。

② 粗车 $\phi36$、$\phi42$ 外圆，$R10$ 圆弧，留精车余量 0.5 mm。

③ 精车 $\phi36$、$\phi42$ 外圆，$R10$ 圆弧。

工序二：

① 工件调头，车平端面，保证总长，打中心孔。

② 用铜皮包 $\phi36$ 外圆，一夹一顶装夹安装，粗车 $\phi32$ 圆柱面、$R40$ 圆弧以及 M28×2 螺纹大径等尺寸，留精车余量 0.5 mm。

③ 精车各外圆、圆弧至尺寸要求。

④ 切退刀槽至尺寸要求。

⑤ 车螺纹 M28×2 至尺寸要求。

(4) 填写工艺卡片。数控加工工艺卡片如表 2-5-2 和表 2-5-3 所示。

表 2-5-2　数控加工工艺卡片①

数控加工工序卡		产品名称	项目名称		零件图号
			综合件加工1		
工序号	程序编号	夹具名称	使用设备		车间
		三爪自定心卡盘	数控车（CKA6136）		数控实训中心
工步	工步内容	刀具号	主轴转速 n /(r/min)	进给量 f /(mm/r)	背吃刀量 a_p/mm	备注
1	车左端面	T0101	500	0.25	1~2	
2	粗车轮廓，留余量0.5 mm	T0101	500	0.25	1~2	
3	精车轮廓	T0202	1 000	0.1	0.25	
编制		审核		批准		共1页	第1页

表 2-5-3　数控加工工艺卡片②

数控加工工序卡		产品名称	项目名称		零件图号	
			综合件加工1			
工序号	程序编号	夹具名称	使用设备		车间	
		三爪自定心卡盘	数控车（CKA6136）		数控实训中心	
工步	工步内容	刀具号	主轴转速 n /(r/min)	进给量 f /(mm/r)	背吃刀量 a_p/mm	备注
1	车右端面	T0101	500	0.25	1~2	
2	钻中心孔		800			
3	粗车右边轮廓，留余量	T0101	500	0.25	1~2	
4	精车轮廓	T0202	1 000	0.1	0.25	
5	切槽	T0303	350	0.1	2	
6	螺纹	T0404	1 000	2		
编制		审核		批准	共1页	第1页

三、项目实施

任务一　编制加工程序

数控加工程序单如表 2-5-4 所示。

表 2-5-4　数控加工程序单

数控加工程序单	项目序号	005	项目名称	综合件加工1
	数控系统	FANUC 0i	编程原点	右端面轴心线
程序内容	说　　明			

程序内容	说　明
左侧：	
N02 T0101；	换 T0101 刀到位
N04 G00 X80 Z100；	快速定位到换刀点
N06 M03 S500；	主轴正转，转速 500 r/min
N08 G00 X45 Z2；	快速定位到循环起始点
N10 G73 U4 W0 R3；	用 G73 粗加工轮廓
N12 G73 P14 Q30 U0.5 W0.1 F0.25；	设置 G73 参数
N14 X30；	加工轮廓描述 N14−N30 段
N16 G01 X36 Z−1；	
N18 Z−15；	
N20 X40；	
N22 X42 Z−16；	
N24 Z−19；	
N26 G02 X42 Z−31 R10；	
N28 G01 Z−36；	
N30 X45；	
N32 G00 X80 Z100；	返回换刀点
N34 M05；	主轴停转

数控加工程序单	项目序号	005	项目名称	综合件加工1
	数控系统	FANUC 0i	编程原点	右端面轴心线

程序内容	说　明
N36 M00;	程序暂停
N38 M3 S1000 T0202;	换 T0202 刀到位，设置主轴以 1 000 r/min 正转，进给量 0.1 mm/r
N40 G00 X45 Z2;	快速定位到循环起始点
N42 G70 P14 Q30 F0.1;	用 G70 精加工轮廓
N44 G00 X80 Z100;	快速退刀，回换刀点
N46 M05;	主轴停止
N48 M30;	程序结束
右侧：	
N02 T0101;	换 T0101 刀到位
N04 G00 X80 Z100;	快速定位到换刀点
N06 M03 S600 ;	主轴正转，转速 600 r/min
N08 G00 X45 Z2;	快速定位到循环起始点
N10 G71 U2 R1;	用 G71 粗加工轮廓
N12 G71 P14 Q28 U0.5 W0.1 F0.25;	设置 G71 参数
N14 G00 X19.85;	加工轮廓描述 N14—N28 段
N16 G01 X27.85 Z−2;	
N18 Z−20;	
N20 X30;	
N22 X32 Z−21;	
N24 Z−28;	
N26 G02 X42 Z−40 R40;	
N28 G01 X45;	
N30 G00 X80 Z100;	返回换刀点
N32 M05;	主轴停转
N34 M00 ;	程序暂停
N36 M3 S1000 T0202;	换 T0202 刀到位，设置主轴以 1 000 r/min 正转，进给量 0.1 mm/r
N38 G00 X45 Z2;	快速定位到循环起始点
N40 G70 P14 Q28 F0.1;	用 G70 精加工轮廓
N42 G00 X80 Z100;	快速退刀，回换刀点
N44 M05;	主轴停止
N46 M00;	程序暂停
N48 T0303;	选择 T0303 号刀
N50 M3 S350 F0.1;	主轴正转，转速 350 r/min，进给量 0.1 mm/r
N52 G00 X33 Z−20;	快速移动至起刀点
N54 G01 X24.1;	割槽
N56 G00 X33;	快速移动点定位
N58 Z−19;	快速移动点定位

续表

数控加工程序单	项目序号	005	项目名称	综合件加工1
	数控系统	FANUC 0i	编程原点	右端面轴心线
程序内容		说	明	

程序内容	说　明
N60 G01 X24;	割槽
N62 Z−20;	车槽底
N64 G00 X33;	快速移动点定位
N66 G00 X80 Z100 ;	快速移动到换刀点
N68 M5;	主轴停止
N70 M00;	程序暂停
N72 T0404;	选择 T0404 号刀
N74 M3 S1000;	主轴正转，转速 1000 r/min
N76 G0 X30 Z2;	快速移动至起刀点
N78 G92 X27.85 Z−17 F2;	螺纹切削循环，螺距 2 mm
N80 X27.2;	
N82 X26.6;	
N84 X26.3;	
N86 X26;	
N88 X25.835;	
N90 X25.835;	精车螺纹
N92 G00 X80 Z100 ;	快速移动到换刀点
N94 M05;	主轴停止
N96 M30;	程序结束

任务二　零件的加工和检测

（1）工、量、刃具准备清单。零件 工、量、刃具准备清单如表 2-5-5 所示。

表 2-5-5　工量刃具准备清单

序号	名称	规格	数量	备注
1	游标卡尺	0～150 mm	1	
2	千分尺	0～25 mm、25～50 mm	各1	
3	半径规	$R1～R6.5$、$R7～R15$	各1	
4	百分表及表座	0～10 mm	1	
5	端面车刀		1	
6	外圆车刀	副偏角大于 30°	2	
7	三角螺纹车刀		1	
8	切槽、切断车刀	宽为 4～5 mm，长为 25 mm	1	
9	其他附具	①垫刀片若干、油石、厚 0.2 mm 铜皮等；		
10		②函数型计算器；		
11		③其他车工常用辅具		
12	材　料	45♯钢，$\phi45×80$ mm		
13	数控系统	SINUMERIK、FANUC 或华中 HNC 数控系统		

（2）输入程序、装夹工件、对刀并切削加工工件，注意加工尺寸与精度的控制，加工尺寸应达图样要求。

四、项目评价

零件加工结束后进行检测，对工件进行误差与质量分析，将结果写在项目实施评价表中，如表 2-5-6 所示。

表 2-5-6　项目实施评价表

评分表		项目序号	5	检测编号		
考核项目		考核要求	配分	评分标准	检测结果	得分
尺 寸 项 目	1	$\phi32-_{0.033}^{0}$　　Ra1.6	7/3	超差不得分		
	2	$\phi36-_{0.033}^{0}$　　Ra1.6	7/3	超差不得分		
	3	$\phi38\pm0.02$　　Ra1.6	7/3	超差不得分		
	4	$\phi42-_{0.039}^{0}$　　Ra1.6	7/3	超差不得分		
	5	M28×2－6g	6	超差不得分		
	6	M28×2－6g	8	超差不得分		
	7	M28×2－6g	3	超差不得分		
	8	5×2	2	超差不得分		
	9	4	3	超差不得分		
	10	10	3	超差不得分		
	11	12	3	超差不得分		
	12	20	3	超差不得分		
	13	40	3	超差不得分		
	14	75±0.05	6	超差不得分		
	15	R10	2	超差不得分		
	16	R40	2	超差不得分		
	17	C1	1/1	超差不得分		
	18	C2	1/1	超差不得分		
	19					
	20					
	21					
	22					
	23					
其 他	1	安全生产	6	违反有关规定扣1~3分		
	2	文明生产	6	违反有关规定扣1~2分		
	3	按时完成		超时≤15 min 扣5分		
				超时>15~30 min 扣10分		
				超时>30 min 不计分		
总配分			100	总　分		

工时定额		70 min		监考		日期	
加工开始：	时　分	停工时间		加工时间	检测	日期	
加工结束：	时　分	停工原因		实际时间	评分	日期	

五、项目总结

此项目需要两头加工，事先应考虑好周全的加工工艺，特别是第二次装夹的位置选择恰当。二次装夹时应避免夹伤已加工表面，一般采用铜皮包裹。工件在使用顶尖装夹时应使顶尖顶紧力适度，在切削过程中，要随时注意顶尖的松紧程度，及时检查调整。

 思考练习

1. 钻中心孔时，中心钻折断的原因有哪些？
2. 冷却液具有哪些作用？

项目六 加工传动轴 2

一、项目要求

(1) 掌握带孔螺纹轴类零件加工工艺制订方法。

(2) 掌握内孔车削的加工方法。

(3) 掌握镗孔加工方法。

二、相关知识

(1) 识读图样。图 2-6-1 所示为传动轴的零件图和立体图。该项目除了有圆柱面、圆锥面、圆弧面和螺纹等外圆表面之外，还有内孔。$\phi48$、$\phi39$、$\phi36$、和 $\phi30$ 外圆表面和 $\phi28$、$\phi22$ 内孔的尺寸精度和表面质量要求均较高，加工时要注意。除此之外，还要保证螺纹轴、圆锥面、圆弧面的表面质量以及孔深 28、轴长 100 的尺寸精度。零件材料为 45 钢。毛坯规格为 $\phi50\times105$ mm。

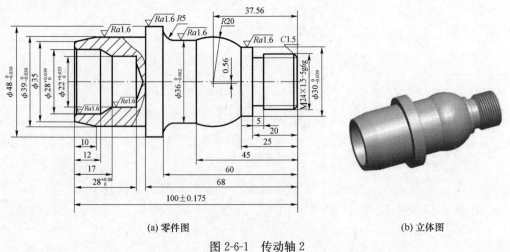

(a) 零件图　　　　　　　　　　　(b) 立体图

图 2-6-1　传动轴 2

（2）选择刀具及切削用量。表2-6-1所示为根据零件轮廓形状、尺寸精度要求选用刀具的参数。

表2-6-1 刀具卡片

序号	刀具号	刀具类型	刀具参数	主轴转速 n /(r/min)	进给量 f /(mm/r)
1	T0101	90°粗外圆车刀	R=0.4	500	0.3
2	T0202	35°精外圆车刀	R=0.2	1 000	0.1
3	T0303	切槽刀	B=4	350	0.05
4	T0404	外螺纹刀	刀尖60°	1 000	2
5	T0505	镗孔刀	R=0.2	700	0.2
编制		审核		批准	

（3）制定工艺路线

工序一：

① 三爪自定心卡盘夹毛坯伸出约45 mm，车端面，钻中心孔。

② 钻毛坯孔 φ20×32。

③ 粗车 φ35 锥度、φ39、φ48 外圆，留精车余量0.5 mm。

④ 精车 φ35 锥度、φ39、φ48 外圆。

⑤ 粗、精车内孔至尺寸要求。

工序二：

① 工件调头，车平端面，保证总长，打中心孔。

② 用铜皮包 φ39 外圆，一夹一顶装夹安装，粗车 φ30 圆柱面、R20 圆弧、φ36 圆柱面、R5 圆弧以及 M24×1.5 螺纹大径等尺寸，留精车余量0.5 mm。

③ 精车各外圆、圆弧至尺寸要求。

④ 切退刀槽至尺寸要求。

⑤ 车螺纹 M24×1.5 至尺寸要求。

（4）填写工艺卡片。数控加工工艺卡片如表2-6-2和表2-6-3所示。

表2-6-2 数控加工工艺卡片

数控加工工序卡		产品名称	项目名称		零件图号	
			综合件加工2			
工序号	程序编号	夹具名称	使用设备		车间	
		三爪自定心卡盘	数控车（CKA6136）		数控实训中心	
工步	工步内容	刀具号	主轴转速 n /(r/min)	进给量 f /(mm/r)	背吃刀量 a_p/mm	备注
1	车左端面	T0101	500	0.25	1~2	
2	钻中心孔		800			
3	钻孔		300			
4	粗车工件外轮廓	T0101	500	0.25	2	
5	精车工件外轮廓	T0202	1 000	0.1	0.5	
6	镗孔	T0505	700	0.2	1	
编制		审核		批准	共1页	第1页

表 2-6-3　数控加工工艺卡片

数控加工工序卡		产品名称	项目名称		零件图号
			综合件加工 2		
工序号	程序编号	夹具名称	使用设备		车间
02		三爪自定心卡盘	数控车（CKA6136）		数控实训中心
工步	工步内容	刀具号	主轴转速 n /(r/min)	进给量 f /(mm/r)	背吃刀量 a_p/mm	备注
1	车右端面	T0101	500	0.25	1～2	
2	钻中心孔		800			
3	粗车右边轮廓，留余量	T0101	500	0.25	1～2	
4	精车轮廓	T0202	1 000	0.1	0.25	
5	切槽	T0303	350	0.1	2	
6	车螺纹	T0404	1 000	2		
编制		审核		批准	共 1 页	第 1 页

注：背吃刀量列对应各刀具号。

三、项目实施

任务一　编制加工程序

数控加工程序单如表 2-6-4 所示。

表 2-6-4　数控加工程序单

数控加工程序单	项目序号	006	项目名称	综合件加工 2
	数控系统	FANUC 0i	编程原点	右端面轴心线
程序内容	说		明	

程序内容	说明
左侧：	
N02 T0101；	调用 1 号刀
N04 M3 S500；	主轴正转，转速 500 r/min
N06 G0 X50 Z5；	快速定位，接近工件
N08 G71 U2 R1；	调用外圆粗车循环
N10 G71 P12 Q24 U0.5 W0 F0.25；	设置粗车循环参数
N12 G0 X35；	粗车轮廓描述 N12—N24 段
N14 G1 Z0 F0.1；	
N16 X39 Z—10；	
N18 Z—32；	
N20 X48 C0.5；	
N22 Z—45；	
N24 X50；	
N26 G0 X100 Z100 M5；	快速返回换刀点，主轴停止
N28 M00；	程序暂停
N30 T0202；	调用 2 号刀
N32 M3 S1000；	主轴正转，转速 700 r/min
N34 G0 X50 Z5；	快速定位，接近工件

数控加工程序单	项目序号	006	项目名称	综合件加工 2
	数控系统	FANUC 0i	编程原点	右端面轴心线

程序内容	说　　明
左侧：	
N36 G70 P12 Q24；	调用精车循环
N38 G0 X100 Z100 M5；	快速返回换刀点，主轴停止
N40 M00；	程序暂停
N42 T0505；	调用 5 号镗孔刀
N44 M3 S700；	主轴正转，转速 700 r/min
N46 G0 X20 Z5；	快速定位，接近工件
N48 G71 U1 R1；	调用外圆粗车循环
N50 G71 P52 Q64 U−0.3 W0 F0.2；	设置粗车循环参数
N52 G0 X30；	粗车轮廓描述 N52—N64 段
N54 G1 Z0 F0.1；	
N56 X28 Z−1；	
N58 Z−12；	
N60 X22 Z−17；	
N62 Z−28；	
N64 X20；	
N66 G0 Z100；	快速返回
N68 X100 M5；	主轴停止
N70 M00；	程序暂停
N72 T0505；	调用 5 号车刀
N74 M3 S1000；	主轴正转，转速 1 000 r/min
N76 G0 X20 Z5；	快速定位，接近工件
N78 G70 P52 Q64；	调用精车循环
N80 G0 Z100；	快速返回
N82 X100 M5；	快速返回，主轴停止
N84 M30；	程序结束
右侧：	
N02 T0202；	调用 2 号刀
N04 M3 S700；	主轴正转，转速 700 r/min
N06 G0 X50 Z5；	快速定位，接近工件
N08 G73 U13 R13；	调用仿形循环
N10 G73 P12 Q32 U0.5 W0 F0.2；	设置仿形循环参数
N12 G0 X21；	轮廓描述 N12—N32 段
N14 G1 Z0 F0.1；	
N16 X23.85 Z−1.5；	
N18 Z−20；	
N20 X30 C0.5；	
N22 Z−25；	

数控车削操作技能训练篇

续表

数控加工程序单	项目序号	006	项目名称	综合件加工 2
	数控系统	FANUC 0i	编程原点	右端面轴心线
程序内容	说　　　明			

程序内容	说　　　明
右侧：	
N24 G3 X36 Z−45 R20；	
N26 G1 Z−55；	
N28 G2 X46 Z−60 R5；	
N30 X48 C0.5；	
N32 X50；	
N34 G0 X100 Z100 M5；	快速返回换刀点，主轴停止
N36 M00；	程序暂停
N38 T0202；	调用 2 号刀
N40 M3 S1000；	主轴正转，转速 1 000 r/min
N42 G0 X50 Z5；	快速定位，接近工件
N44 G70 P12 Q32；	调用精车循环
N46 G0 X100 Z100 M5；	快速返回，主轴停止
N48 M00；	程序暂停
N50 T0303；	调用 3 号刀
N52 M3 S350；	主轴正转，转速 350 r/min
N54 G0 X33 Z−20；	快速定位，接近工件
N56 G1 X20 F0.05；	切槽
N58 X33 F2；	
N60 W1；	
N62 X20 F0.05；	
N64 X33 F2；	
N66 G0 X100；	快速返回
N68 Z100 M5；	快速返回，主轴停止
N70 M00；	程序暂停
N72 T0404；	调用 4 号刀
N74 M3 S1000；	主轴正转，转速 1 000 r/min
N76 G0 X28 Z5；	快速定位，接近工件
N78 G92 X23.4 Z−17 F1.5；	车削螺纹
N80 X23；	

数控加工程序单	项目序号	006	项目名称	综合件加工2
	数控系统	FANUC 0i	编程原点	右端面轴心线

程序内容	说 明
右侧：	
N82 X22.6；	
N84 X22.3；	
N86 X22.1；	
N88 X22.05；	
N90 G0 X100 Z100 M5；	快速返回，主轴停止
N92 M30；	程序结束

任务二 零件的加工和检测

（1）工、量、刃具准备清单。零件 工、量、刃具准备清单如表 2-6-5 所示。

表 2-6-5 工量刃具准备清单

序号	名称	规格	数量	备注
1	游标卡尺	0～150 mm	1	
2	千分尺	0～25 mm、25～50 mm	各1	
3	半径规	$R1～R6.5$、$R7～R15$	各1	
4	百分表及表座	0～10 mm	1	
5	端面车刀		1	
6	外圆车刀	副偏角大于 30°	2	
7	三角螺纹车刀		1	
8	切槽、切断车刀	宽为 4～5 mm，长为 25 mm	1	
9	镗孔车刀	孔径 $\phi20$，长为 30 mm	1	
10	麻花钻	$\phi20$ mm	1	
11	中心钻	A3 型	1	
12		① 垫刀片若干、油石、厚 0.2 mm 铜皮等；		
13	其他附具	② 函数型计算器；		
14		③ 其他车工常用辅具		
15	材 料	45♯钢，$\phi45×80$ mm		
16	数控系统	SINUMERIK、FANUC 或华中 HNC 数控系统		

（2）输入程序、装夹工件、对刀并切削加工工件，注意加工尺寸与精度的控制，加工尺寸应达图样要求。

四、项目评价

零件加工结束后进行检测，对工件进行误差与质量分析，将结果写在项目实施评价表中，如表 2-6-6 所示。

表 2-6-6　项目实施评价表

评分表		项目序号	6	检测编号		
考核项目	考核要求		配分	评分标准	检测结果	得分
尺寸项目	1	$\phi 30-^{0}_{0.039}$　　　$Ra1.6$	5/2	超差不得分		
	2	$\phi 36-^{0}_{0.062}$　　　$Ra1.6$	5/2	超差不得分		
	3	$\phi 39-^{0}_{0.039}$　　　$Ra1.6$	5/2	超差不得分		
	4	$\phi 48-^{0}_{0.039}$　　　$Ra1.6$	5/2	超差不得分		
	5	M24×1.5－5g6g（大径）	4	超差不得分		
	6	M24×1.5－5g6g（中径）	6	超差不得分		
	7	M24×1.5－5g6g（牙形角）	2	超差不得分		
	8	5×2	2	超差不得分		
	9	$\phi 35$	3	超差不得分		
	10	10	2	超差不得分		
	11	20	2	超差不得分		
	12	25	2	超差不得分		
	13	37.56	3	超差不得分		
	14	45	2	超差不得分		
	15	60	2	超差不得分		
	16	68	2	超差不得分		
	17	100±0.175	4	超差不得分		
	18	$\phi 30-^{0}_{0.039}$　　　$Ra1.6$	5/2	超差不得分		
	19	$\phi 36-^{0}_{0.062}$　　　$Ra1.6$	5/2	超差不得分		
	20	12	2	超差不得分		
	21	17	2	超差不得分		
	22	$\phi 28+^{0.039}_{0}$	4	超差不得分		
	23	R5	7	超差不得分		
	24	R20	7	超差不得分		
	25	C1.5	1	超差不得分		
其他	1	安全生产	6	违反有关规定扣1～3分		
	2	文明生产	6	违反有关规定扣1～2分		
	3	按时完成		超时≤15 min 扣5分		
				超时>15～30 min 扣10分		
				超时>30 min 不计分		
总配分			100	总　分		
工时定额		120 min		监考		日期
加工开始：　时　分		停工时间		加工时间	检测	日期
加工结束：　时　分		停工原因		实际时间	评分	日期

五、项目总结

在车床上对工件的孔进行车削的方法称为镗孔（又称车孔），镗孔可以作粗加工，也可以作精加工。镗孔分为镗通孔和镗不通孔。镗通孔基本上与车外圆相同，只是进刀和退刀方向相反。粗镗和精镗内孔时也要进行试切和试测，其方法与车外圆相同。

 思考练习

1. 车外圆时，表面粗糙度达不到要求，是由哪些原因造成的？应如何改善？
2. 镗孔刀安装要注意哪些事项？

项目七 加工传动轴 3

一、项目要求

（1）掌握综合件零件加工工艺制订方法。

（2）会运用各指令编写数控加工程序。

（3）会合理选择刀具及切削用量。

二、相关知识

（1）识读图样。图 2-7-1 所示为传动轴的零件图和立体图。该项目除了有圆柱面、圆弧曲面、圆角和螺纹等外圆表面之外，还有内孔和内圆角。$\phi 40$ 和 $\phi 28$ 外圆表面、$\phi 30$ 孔的尺寸精度和表面质量要求均较高，$\phi 46$、$\phi 38$ 外圆表面和 $\phi 22$ 孔的尺寸精度较高，加工时要注意。除此之外，还要保证螺纹表面、圆弧面、内外圆角的表面质量以及轴长 100 的尺寸精度。零件材料为 45 钢。

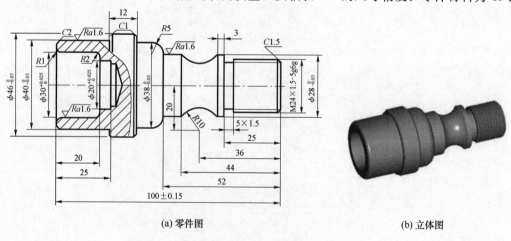

(a) 零件图　　　　　　　　　　(b) 立体图

图 2-7-1　传动轴 3

无热处理和硬度要求，毛坯规格为 $\phi50\times105$ mm。

（2）选择刀具及切削用量。表 2-7-1 所示为根据零件轮廓形状、尺寸精度要求选用 刀具的参数。

表 2-7-1　刀具卡片

序号	刀具号	刀具类型	刀具参数	主轴转速 n /(r/min)	进给量 f /(mm/r)
1	T0101	90°粗外圆车刀	$R=0.4$	500	0.3
2	T0202	35°精外圆车刀	$R=0.2$	1 000	0.1
3	T0303	切槽刀	$B=4$	350	0.05
4	T0404	外螺纹刀	刀尖60°	1 000	2
5	T0505	镗孔刀	$R=0.2$	700	0.2
编制		审核		批准	

（3）制定工艺路线。

工序一：

① 三爪卡盘夹毛坯伸出约 45 mm，车端面，钻中心孔。

② 钻毛坯孔 $\phi20\times30$。

③ 粗车 $\phi40$、$\phi46$ 外圆，留精车余量 0.5 mm。

④ 精车 $\phi40$、$\phi46$ 外圆。

⑤ 粗、精车内孔至尺寸要求。

工序二：

① 工件调头，车平端面，保证总长，打中心孔。

② 用铜皮包 $\phi40$ 外圆，一夹一顶装夹安装，粗车 $\phi28$ 圆柱面、$R10$ 圆弧、$\phi38$ 圆柱面、$R5$ 圆弧以及 M24×1.5 螺纹大径等尺寸，留精车余量 0.5 mm。

③ 精车各外圆、圆弧至尺寸要求。

④ 切退刀槽至尺寸要求。

⑤ 车螺纹 M24×1.5 至尺寸要求。

（4）填写工艺卡片。数控加工工艺卡片如表 2-7-2 和表 2-7-3 所示。

表 2-7-2　数控加工工艺卡片①

数控加工工序卡		产品名称		项目名称		零件图号	
				综合件加工 3			
工序号	程序编号		夹具名称	使用设备		车间	
01			三爪自定心卡盘	数控车（CKA6136）		数控实训中心	
工步	工步内容		刀具号	主轴转速 n /(r/min)	进给量 f /(mm/r)	背吃刀量 a_p/mm	备注
1	车左端面		T0101	500	0.25	1～2	
2	钻中心孔			800			
3	钻孔			300			
4	粗车工件外轮廓		T0101	500	0.25	2	
5	精车工件外轮廓		T0202	1 000	0.1	0.5	
6	镗孔		T0505	700	0.2	1	
编制		审核		批准		共1页	第1页

表 2-7-3　数控加工工艺卡片②

数控加工工序卡		产品名称	项目名称		零件图号
			综合件加工 3		
工序号	程序编号	夹具名称	使用设备		车间
02		三爪自定心卡盘	数控车（CKA6136）		数控实训中心
工步	工步内容	刀具号	主轴转速 n /(r/min)	进给量 f /(mm/r)	背吃刀量 $a_{\rm p}$/mm	备注
1	车右端面	T0101	500	0.25	1～2	
2	钻中心孔		800			
3	粗车右边轮廓，留余量	T0101	500	0.25	1～2	
4	精车轮廓	T0202	1 000	0.1	0.25	
5	切槽	T0303	350	0.1	2	
6	车螺纹	T0404	1 000	2		
编制		审核		批准		共 1 页	第 1 页

三、项目实施

任务一　编制加工程序

数控加工程序单如表 2-7-4 所示。

表 2-7-4　数控加工程序单

数控加工程序单	项目序号	007	项目名称	综合件加工 3
	数控系统	FANUC 0i	编程原点	右端面轴心线
程序内容	说		明	

程序内容	说明
右侧：	
N02 T0101；	调用 1 号刀
N04 M3 S500；	主轴正转，转速 500 r/min
N06 G0 X50 Z5；	快速定位，接近工件
N08 G71 U1 R1；	调用外圆粗车循环
N10 G71 P12 Q24 U0.5 W0 F0.25；	设置粗车循环参数
N12 G0 X36；	粗车轮廓描述 N12—N24 段
N14 G1 Z0 F0.1；	
N16 X40 Z−2；	
N18 Z−25；	
N20 X46 C1；	
N22 Z−45；	
N24 X50；	
N26 G0 X100 Z100 M5；	快速返回换刀点，主轴停止
N28 M00；	程序暂停
N30 T0202；	调用 2 号刀
N32 M3 S1000；	主轴正转，转速 1 000 r/min
N34 G0 X50 Z5；	快速定位，接近工件

数控加工程序单	项目序号	007	项目名称	综合件加工3
	数控系统	FANUC 0i	编程原点	右端面轴心线
程序内容		说	明	

程序内容	说　明
右侧：	
N36 G70 P12 Q24；	调用外圆精车循环
N38 G0 X100 Z100 M5；	快速返回，主轴停止
N40 M00；	程序暂停
N42 T0505；	调用5号刀，加工内孔
N44 M3 S700；	主轴正转，转速700 r/min
N46 G0 X20 Z5；	快速定位，接近工件
N48 G71 U1 R1；	调用外圆粗车循环
N50 G71 P52 Q66 U－0.3 W0 F0.15；	设置粗车循环参数
N52 G0 X32；	粗车轮廓描述 N52－N66 段
N54 G1 Z0 F0.1；	
N56 G2 X30 Z－1 R1；	
N58 G1 Z－18；	
N60 G3 X26 Z－20 R2；	
N62 G1 X22 C0.5；	
N64 Z－25；	
N66 X20；	
N68 G0 Z100；	快速返回
N70 X100 M5；	快速返回，主轴停止
N72 M00；	程序暂停
N74 T0505；	
N76 M3 S1000；	
N78 G0 X20 Z5；	
N80 G70 P52 Q66；	调用外圆精车循环
N82 G0 Z100；	
N84 X100 M5；	快速返回，主轴停止
N86 M30；	程序结束
工序二内容：	
N02 T0101；	调用1号刀
N04 M3 S500；	主轴正转，转速500 r/min
N06 G0 X50 Z5；	快速定位，接近工件
N08 G71 U1 R1；	调用外圆粗车循环
N10 G71 P12 Q30 U0.5 W0 F0.15；	设置粗车循环参数
N12 G0 X21；	粗车轮廓描述 N12－N30 段
N14 G1 Z0 F0.1；	
N16 X23.85 Z－1.5；	
N18 Z－25；	
N20 X28 C0.5；	

数控加工程序单	项目序号	007	项目名称	综合件加工 3
	数控系统	FANUC 0i	编程原点	右端面轴心线
程序内容	说		明	
工序二内容：				
N22 Z－52；				
N24 X38 R5；				
N26 Z－63；				
N28 X46 C1；				
N30 X50；				
N32 G0 X100 Z100 M5；	快速返回换刀点，主轴停止			
N34 M00；	程序暂停			
N36 T0202；	调用 2 号刀			
N38 M3 S1000；	主轴正转，转速 1 000 r/min			
N40 G0 X50 Z5；	快速定位，接近工件			
N42 G70 P12 Q30；	调用外圆精车循环			
N44 G0 X100 Z100 M5；	快速返回，主轴停止			
N46 M00；	程序暂停			
N48 T0202；	调用 2 号刀			
N50 M3 S700；	主轴正转，转速 700 r/min			
N52 G0 X35 Z－25；	快速定位，接近工件			
N54 G73 U4 R4；	调用仿形循环			
N56 G73 P58 Q68 U0.5 W0 F0.2；	设置仿形循环参数			
N58 G0 X30；	粗车轮廓描述 N58－N68 段			
N60 G1 Z－28 F0.1；				
N62 X28；				
N64 G2 X28 Z－44 R10；				
N66 G1 X35；				
N68 G0 Z－25；				
N70 G0 X100 Z100 M5；	快速返回，主轴停止			
N72 M0；	程序暂停			
N74 T0202；	换 2 号刀			
N76 M3 S1000；	主轴正转，转速 1 000 r/min			
N78 G0 X35 Z－25；	快速定位，接近工件			
N80 G70 P58 Q68；	调用外圆精车循环			
N82 G0 X100 Z100 M5；	快速返回，主轴停止			
N84 M00；	程序暂停			
N86 T0303；	调用 3 号刀			
N88 M3 S500；	主轴正转，转速 500 r/min			
N90 G0 X33 Z－25；	快速定位，接近工件			
N92 G1 X21 F0.05；	切槽			
N94 X33 F2；				
N96 W1；				

数控加工程序单	项目序号	007	项目名称	综合件加工3
	数控系统	FANUC 0i	编程原点	右端面轴心线

程序内容	说　　明
工序二内容：	
N98 X21 F0.05；	
N100 X33 F2；	
N102 G0 X100；	快速返回
N104 Z100 M5；	快速返回，主轴停止
N106 M00；	程序暂停
N108 T0404；	调用4号刀
N110 M3 S1000；	主轴正转，转速1 000r/min
N112 G0 X28 Z5；	快速定位，接近工件
N114 G92 X23.4 Z—22 F1.5；	车削螺纹
N116 X23；	
N118 X22.6；	
N120 X22.3；	
N122 X22.1；	
N124 X22.05；	
N126 G0 X100 Z100 M5；	快速返回，主轴停止
N130 M30；	程序结束

任务二　零件的加工和检测

（1）工、量、刃具准备清单。零件工、量、刃具准备清单如表2-7-5所示。

表2-7-5　工量刃具准备清单

序号	名称	规格	数量	备注
1	游标卡尺	0～150 mm	1	
2	千分尺	0～25 mm、25～50 mm	各1	
3	半径规	$R1～R6.5$、$R7～R15$	各1	
4	百分表及表座	0～10 mm	1	
5	端面车刀		1	
6	外圆车刀	副偏角大于30°	2	
7	三角螺纹车刀		1	
8	切槽、切断车刀	宽为4～5 mm，长为25 mm	1	
9	镗孔车刀	孔径$\phi20$ 长为30 mm	1	
10	麻花钻	$\phi20$ mm	1	
11	中心钻	A3型	1	
12		①垫刀片若干、油石、厚0.2 mm铜皮等；		
13	其他附具	②函数型计算器；		
14		③其他车工常用辅具		
15	材　料	45♯钢，$\phi50×105$ mm		
16	数控系统	SINUMERIK、FANUC或华中HNC数控系统		

（2）输入程序、装夹工件、对刀并切削加工工件，注意加工尺寸与精度的控制，加工尺寸应达图样要求。

四、项目评价

零件加工结束后进行检测，对工件进行误差与质量分析，将结果写在项目实施评价表中，如表2-7-6所示。

表 2-7-6　项目实施评价表

评分表			项目序号	7	检测编号		
考核项目		考核要求		配分	评分标准	检测结果	得分
尺寸项目	1	$\phi28^{0}_{-0.03}$　　$Ra1.6$		5/3	超差不得分		
	2	$\phi38^{0}_{-0.03}$　　$Ra1.6$		5/3	超差不得分		
	3	$\phi40^{0}_{-0.03}$　　$Ra1.6$		5/3	超差不得分		
	4	$\phi46^{0}_{-0.03}$　　$Ra1.6$		5/3	超差不得分		
	5	M24×1.5-5g6g		4	超差不得分		
	6	M24×1.5-5g6g		6	超差不得分		
	7	M24×1.5-5g6g		2	超差不得分		
	8	5×1.5		2	超差不得分		
	9	3		2	超差不得分		
	10	12		2	超差不得分		
	11	25		2	超差不得分		
	12	36		2	超差不得分		
	13	44		2	超差不得分		
	14	52		2	超差不得分		
	15	100±0.15		4	超差不得分		
	16	$\phi20^{+0.025}_{0}$　　$Ra1.6$		5/2	超差不得分		
	17	$\phi30^{+0.039}_{0}$　　$Ra1.6$		5/3	超差不得分		
	18	20		2	超差不得分		
	19	25		2	超差不得分		
	20	R5		1	超差不得分		
	21	R10		1	超差不得分		
	22	C1		1/1	超差不得分		
	23	C1.5		1	超差不得分		
	24	C2		1	超差不得分		
	25						
其他	1	安全生产		6	违反有关规定扣1~3分		
	2	文明生产		6	违反有关规定扣1~2分		
	3	按时完成			超时≤15 min 扣5分		
					超时>15~30 min 扣10分		
					超时>30 min 不计分		
总配分				100	总　分		

工时定额	120 min		监考			日期	
加工开始：　时　分	停工时间		加工时间		检测	日期	
加工结束：　时　分	停工原因		实际时间		评分	日期	

五、项目总结

本项目工件有部分凹圆轮廓，既要注意选择合理的加工指令，又要注意选择合理的加工刀具，刀具应具有一定的副偏角。

本项目对尺寸精度、形位精度要求很高。在加工中可通过对机床和夹具的调整来解决工艺系统所产生的尺寸精度降低。而装夹、刀具、加工过程对尺寸精度的影响因素则可以通过操作者正确、细致的操作来解决。因此操作者在加工过程中进行精确的测量也是保证加工精度的重要因素。

 思考练习

1. 粗加工凹圆弧表面时，有几种加工方法？各种方法的特点是什么？
2. 加工成形面常用的刀具有哪些？

数控铣削操作技能训练篇

项目一 学会操作数控铣床

一、项目要求

(1) 熟悉 FANUC 系统数控铣床的操作面板。

(2) 掌握 FANUC 系统数控铣床的程序编辑。

(3) 掌握 FANUC 系统数控铣床的操作。

二、相关知识

FANUC 0i-MB 系统的 VDF-850 数控铣床操作面板，由显示器与 MDI 面板、标准机床操作面板、手持盒等组成。图 3-1-1 所示为显示器与 MDI 面板、标准机床操作面板部分。图 3-1-2 所示为手持盒结构。

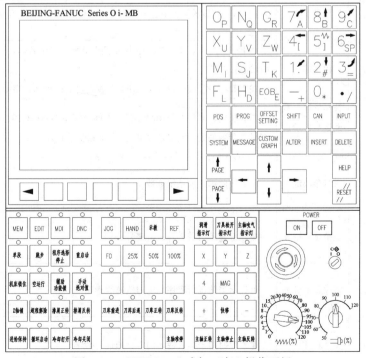

图 3-1-1　VDF-850 立式加工中心操作面板

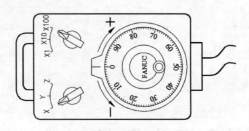

图 3-1-2　手持盒

1. 显示器与 MDI 面板

显示器与 MDI 面板是由一个 9 寸 CRT 显示器和一个 MDI 键盘构成。MDI 键盘上各键功能如表 3-1-1 所示。

表 3-1-1　CRT/MDI 面板上各键功用

键	名 称	功 用 说 明
O_P	地址/数字输入键	按下这些键，输入字母、数字和运算符号等
SHIFT	上档键	按下此键，在地址输入栏出现上标符号（显示器倒数第三行），由原来的 _ 变为 ^，此时再按下"地址/数字"输入键，则可输入其右下角的字母、符号等
EOB_E	段结束符键	在编程时用于输入每个程序段的结束符";"
POS	位置显示键*	在 CRT 上显示加工中心当前的工件、相对或综合坐标位置
PROG	程序键*	在 EDIT 方式，显示在内存中的信息和所有程序名称，进入程序输入、编辑状态；在 MDI 方式，显示和输入 MDI 数据，进行简单的程序操作
OFFSET SETTING	补偿量等参数设定与显示键*	刀具长度、半径补偿量的设置，工件坐标系 G54～G59、G54.1P1～P48 和变量等参数的设定与显示（见图 3-1-1 和图 3-1-3）
SYSTEM	系统参数键*	设置按此键进入系统参数等
MESSAGE	报警显示键*	按此键显示报警内容、报警号
CUSTOM GRAPH	图像显示键*	可显示当前运行程序的走刀轨迹线形图
INSERT	插入键	在编程时用于插入输入的字（地址、数字）

键	名　称	功　用　说　明
ALTER	替换键	在编程时用于替换输入的字（地址、数字）
CAN	回退键	按下此键，可回退清除输入到地址输入栏"〉"后的字符
DELETE	删除键	在编程时用于删除已输入的字及删除在内存中的程序
INPUT	输入键	除程序编辑方式外，输入参数值等必须按下此键才能输入到 NC 内。另外，与外部设备通讯时，按下此键，才能启动输入设备，开始输入数据或程序到 NC 内
RESET	复位键	按下此键，复位 CNC 系统。包括取消报警、中途退出自动操作运行等
PAGE↑ PAGE↓	页面变换键	用于 CRT 屏幕选择不同的页面。PAGE↑：返回上一级页面；PAGE↓：进入下一级页面
←↑↓→	光标移动键	用于 CRT 页面上、下、左、右移动光标（系统光亮显示）
HELP	帮助键	可以获得必要的帮助
□	屏幕软键	屏幕软键根据 CRT 页面最后一行所提供的信息，进入相应的功能页面 ◀：菜单返回键。返回上一级菜单； ▶：菜单扩展键。进入下一级菜单

同时按任何一个功能键（表 3-1-1 中标注 * 的键）按钮和 CAN 键，页面的显示就会消失，这时系统内部照样工作。之后再按其中任一个功能键，页面会再一次显示。长时间接通电源而不必使用 CRT 时（例如加工零件时间较长、采用 DNC 由计算机边传输边加工而不需要页面显示），请预先清除页面，以防止页面质量下降。

2. 数控铣床操作面板

（1）快速进给速率调整按钮。快速进给速率调整按钮在对自动及手动运转时的快速进给速度进行调整时使用。快速进给速率调整按钮的具体内容如表 3-1-2 所示。

表 3-1-2 "快速进给速率调整"按钮具体内容

按钮	F0	25%	50%	100%
对应的速度 （设定速度为 10 m/min 时）	0	2.5 m/min	5 m/min	10 m/min
对应的速度 （设定速度为 20 m/min 时）	0	5 m/min	10 m/min	20 m/min
对应的速度 （设定速度为 24 m/min 时）	0	6 m/min	12 m/min	24 m/min
使用场合	自动运转时：G00、G28、G30； 手动运转时：快速进给，返回参考点			

（2）手动进给倍率开关。以手动或自动操作各轴的移动时，可通过调整此开关来改变各轴的移动速度，如图 3-1-3 所示。

（3）手摇脉冲发生器。在手轮操作方式（HAND）下，通过图 3-1-4 所示中的选择坐标轴与倍率旋钮（×1、×10、×100 分别表示一个脉冲移动 0.001 mm、0.010 mm、0.100 mm），旋转手摇脉冲发生器可运行选定的坐标轴，如图 3-1-5 所示。

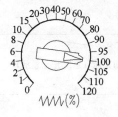

图 3-1-3 手动进给倍率开关

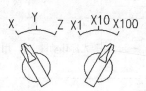

图 3-1-4 手摇脉冲发生器

（4）主轴倍率选择开关。自动或手动操作主轴时，旋转此开关可调整主轴的转速，如图 3-1-6 所示。

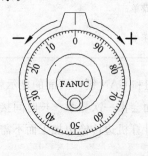

图 3-1-5 选择坐标轴与倍率旋钮

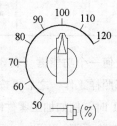

图 3-1-6 "主轴倍率选择"开关

（5）进给轴选择按钮开关。JOG 或手动示教方式下，按下欲运动轴的"轴选择"按钮，使其指示灯闪亮，再分别按下面板上的"＋"、"－"按钮进行相应的移动，松开按钮则轴停止移动；若要执行快速移动，按下"快移"按钮的同时，再分别按下"＋"或"－"按钮，被选择轴会以快速倍率进行移动，松开按钮则停止移动，如图 3-1-7 所示。

（6）"紧急停止"按钮。运转中遇到危险的情况，立即按下此按钮，加工中心将立即停止所有的动作；欲解除时，顺时针方向旋转此钮（切不可往外硬拽，以免损坏此按钮），即可恢复待机状态。在重新运行前必须执行返回参考点操作，如图 3-1-8 所示。

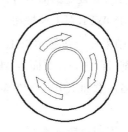

图 3-1-7　进给轴选择与 MAG 按钮开关　　　　图 3-1-8　"紧急停止"按钮

（7）"循环启动"与"进给保持"按钮。"循环启动"按钮开关在自动运行和 MDI 方式下使用，按下后可进行程序的自动运转；按下"进给保持"按钮开关可使其暂停，再次按下"循环启动"可继续自动运转。

（8）操作方式选择按钮开关。操作方式选择按钮开关的功用如表 3-1-3 所示。

表 3-1-3　操作方式选择按钮开关的功用

按钮	工作方式	功用说明
EDIT	编辑方式	可进行零件加工程序的编辑、修改等
DNC	在线加工方式	可通过计算机控制机床进行零件加工
MDI	手动数据输入方式	可在 MDI 页面进行简单的操作、修改参数等
MEM	自动方式	可自动执行存储在 NC 里的加工程序
JOG	JOG 进给方式	此方式下，按下进给轴选择按钮开关，选定的轴将以 JOG 进给速度移动，如果同时再按下"快移"按钮，则快速叠加。
HAND	手轮方式	此方式下手摇脉冲发生器生效
REF	参考点返回方式	配合进给轴选择按钮开关可进行各坐标轴的参考点返回

三、项目实施

任务一　开机操作

开机操作分为以下四个步骤：

① 打开外部总电源；启动空气压缩机。

② 等气压到达规定的值后打开加工中心后面的机床开关。

③ 按下 POWER 的 ON 按钮，系统将进入自检。

④ 自检结束后，在显示器上将显示是一个系统报警显示页面（在任何操作方式下，按 MESSAGE 都可以进入此页面），如果该页面显示有内容（一般为气压报警及紧急停止报警），则提醒操作者注意加工中心有故障，必须排除故障后才能继续以后的操作。顺时针旋转紧急停止按钮。

任务二　返回参考点操作

在机床操作面板上依次按 REF→50%（或 25%、100%）→Z→＋→X→－→Y→＋按钮完成操作。等 X、Y、Z 三个按钮上面的指示灯全部亮后，机床返回参考点结束。加工中心返回参考点后，按 POS 键可以看到综合坐标显示页面中的机床（机械）坐标 X、Y、Z 皆为 0

加工中心返回参考点后，要及时退出，以避免长时间压住行程开关而影响其寿命。可依次按 JOG→X→＋→Y→－→Z→－铵钮完成操作。

任务三　手动操作

加工中心的手动操作包括：主轴的正、反转及停止操作；三轴的 JOG 进给方式移动、手摇脉冲移动操作；冷却液的开关操作；排屑的正反转操作等。其中开机后主轴不能进行正、反转手动操作，必须先进行主轴的启动操作。

（1）主轴的启动操作及手动操作。

① 按 MDI 按钮后，按 PROG 键，进入图 3-1-9（a）所示界面。

② 输入 M3S300，显示图 3-1-9（b）所示界面。

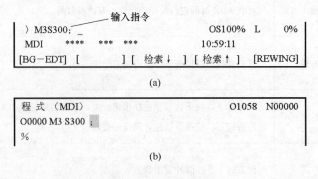

图 3-1-9　MDI 页面

③ 按循环启动铵钮，此时主轴作正转。

④ 按 JOG 或 HAND→"主轴停止"按钮，此时主轴停止转动；按"主轴正转"按钮，此

时主轴正转；按"主轴停止"→"主轴反转"按钮，此时主轴反转。在主轴转动时，通过转动"主轴倍率"选择开关可使主轴的转速发生修调，其变化范围为50%～120%。

（2）坐标轴的移动操作。

① JOG方式下的坐标轴移动操作。按下JOG按钮进入JOG方式，此时可通过按"X"、"Y"、"Z"及"＋"、"－"、"快移"按钮实现坐标轴的移动，其移动速度由快速进给速率调整按钮及手动进给速度开关所决定。

② 手轮方式下的坐标轴移动操作。按下HAND按钮进入手轮方式，此时可通过手持盒实现坐标轴的移动。移动哪个坐标、移动的速度多快，可通过选择坐标轴与倍率旋钮来实现，例如，选择Y、×10，则手摇脉冲发生器转过一格（即发出一个脉冲），Y轴移动0.010 mm，移动方向与手摇脉冲发生器的转动方向有关，顺时针转动坐标轴正向移动；逆时针转动坐标轴负向移动。

任务四　加工程序的输入和编辑

（1）输入加工程序。

① 按EDIT按钮。

② 在出现的页面中查看一下所输入的程序名在内存中是否已经存在，如果已经存在，则把将要输入的程序更名，输入O××××（程序名）后，依次按INSERT→EOB→按INSERT键。

③ 程序输入完毕后，按RESET键，使程序复位到起始位置，这样就可以进行自动运行加工了。

（2）插入漏掉的字。

① 利用打开程序的方法，打开所要编辑的程序。

② 利用光标和页面变换键，使光标移动到所需要插入位置前面的字（例如，"G2 X123.685 Y198.36 F100;"，在该程序段中漏掉与半径有关的字。

③ 如果输入R50后，按INSERT键，该程序段就变为"G2 X123.685 Y198.36 R50 F100;"

（3）修改输入错误的字。

在程序输入完毕后，经检查发现在程序段中有输入错误的字，则必须要修改。

① 利用光标移动键使光标移动到所需要修改的字，例如"G2 X12.869 Y198.36 R50 F100;"，其中在该程序段中X12.869需改为X123.869)

② 具体修改方法：输入正确的字，按ALTER键进行替换；或按DELETE键删除错误的字，在输入正确的字后，按INSERT键插入。

③ 处理完毕后，按RESET键，使程序复位到起始位置。

任务五　对刀操作

（1）用铣刀直接对刀。用铣刀直接对刀，就是在工件已装夹完成并在主轴上装入刀具后，通过手摇脉冲发生器操作移动工作台及主轴，使旋转的刀具与工件的前（后）、左（右）侧面及工件的上表面（例如图3-1-10所示的1～5五个位置）做极微量的接触切削（产生切削或摩擦声），分别记下刀具在做极微量切削时所处的机床（机械）坐标值（或相对坐标值），对这些坐标值作一定的数值处理后就可以设定工件坐标系了。

用铣刀直接对刀时，由于每个操作者对微量切削的感觉程度不同，所以对刀精度并不高。

这种方法主要应用在要求不高或没有寻边器的场合，如图 3-1-11 和图 3-1-12 所示。

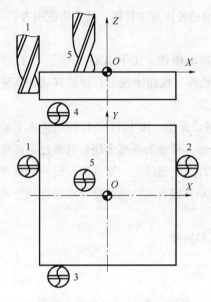

图 3-1-10　用铣刀直接对刀

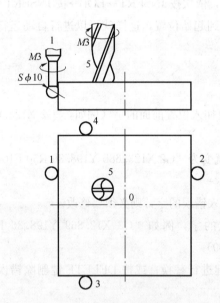

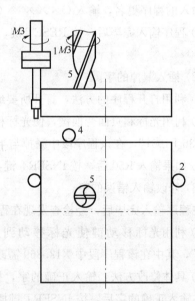

图 3-1-11　光电式寻边器对刀　　　　　　　图 3-1-12　偏心式寻边器对刀

（2）用寻边器对刀。用寻边器对刀只能确定 X、Y 方向的机床（机械）坐标值，而 Z 方向只能通过刀具或刀具与 Z 轴设定器配合来确定。图 3-1-11 所示为使用光电式寻边器在 1～4 这四个位置确定 X、Y 方向的机床（机械）坐标值；在 5 这个位置用刀具确定 Z 方向的机床（机械）坐标值。图 3-1-12 所示为使用偏心式寻边器在 1～4 这四个位置确定 X、Y 方向的机床（机械）坐标值；在 5 位置用刀具确定 Z 方向的机床（机械）坐标值。对刀结束后，在任何方式下按 OFFSET/SETTING 键或按坐标系键进入页面，按 PAGE↓键可进入其余设置页面；按↑、

↓键可以把光标移动到所需设置的位置。我们把计算得到的 X 和 Y 输入到 G54～G59、这就设置好了 X、Y 两轴的工件坐标系。

任务六　MDI 运行操作

在 MDI 方式中，通过 MDI 面板可以编制最多 10 行（10 个程序段）的程序并被执行，程序格式和通常程序一样。MDI 运行适用于简单的测试操作，因为程序不会存储到内存中，在输入一段程序段并执行完毕后会马上被清除；但在输入超过二段以上的程序段并执行后不会马上清除，只有关机才被清除。MDI 运行操作过程如下：

① 按 MDI 按钮，进入显示界面。

② 与通常程序的输入方法相同输入程序段，按"循环启动"按钮执行。

注意：如果输入一段程序段，则可直接按"循环启动"按钮执行；但输入程序段较多时，需先把光标移回到 O0000 所在的第一行，然后按"循环启动"按钮执行，否则从光标所在的程序段开始执行。

任务七　自动运行操作

① 打开或输入加工的程序。

② 在工件已校正与坐标轴的平行度、夹紧、对刀设置好工件坐标系、装上加工的刀具等后，按下 MEM 按钮。

③ 把进给倍率开关旋至较小的值；把主轴倍率选择开关旋至 100%。

④ 按下"循环启动"按钮，使加工中心进入自动操作状态。

⑤ 把进给倍率开关在进入切削后逐步调大，观察切削下来的切屑情况及加工中心的振动情况，调到适当的进给倍率进行切削加工。

任务八　关机操作

① 在 JOG 方式下，使工作台处在比较中间的位置；主轴尽量处于较高的位置。

② 按下紧急停止按钮。

③ 关闭加工中心后面的机床电源开关。

四、项目评价

项目实施评价表如表 3-1-4 所示。

表 3-1-4　项目实施评价表（数控铣编程与加工考核表）

班级		姓名		学号	
项目名称		机床基本操作		日期	
序号	检测项目		配　分	评　分	
1	开机检查、开机顺序正确		6		
2	回机床参考点		6		
3	程序编制与输入		10		
4	工件定位、装夹方式合理、可靠		8		

续表

班级		姓名		学号	
项目名称		机床基本操作		日期	
序号	检测项目		配分	评分	
5	刀具选择、装夹正确		6		
6	试切法对刀,建立工件坐标系		10		
7	各种参数设置正确		6		
8	刀具切削参数合理		8		
9	指令正确、合理,适合自动加工		5		
10	加工完成后,环境卫生清洁		5		
11	量具的正确使用		7		
12	工、量、刃具的正确摆放		5		
13	着装得体、安全文明生产		8		
14	行为规范,纪律表现		10		
15					
	综合得分		100		

五、项目总结

虽然铣床的数控系统种类很多,各种数控铣床的操作面板也不尽相同,但操作面板中各种旋钮、按钮和键盘上键的基本功能与使用方法基本相同。

在操作中,要认真熟记各按钮的作用,做到熟练操作、安全操作。首件加工前必须进行图形模拟加工,避免程序错误,刀具撞刀。

思考练习

1. 加工中心开机后,为什么要进行返回机床参考点操作?

2. 怎样输入新的程序?怎样删除一批程序?

加工凸台 1

一、项目要求

(1) 能根据零件图的要求合理制定凸台的加工工艺路线。

(2) 能合理确定刀具参数和工件零点偏置。

(3) 能使用倒圆指令和刀具半径补偿功能正确编制加工程序。

(4) 掌握铣削工件凸台的技能。

二、相关知识

(1) 识读零件图。图 3-2-1 所示为凸台 1 的零件图和立体图。加工部分为尺寸 68 mm×68 mm、四周圆角为 R20 的凸台。加工时要保证凸台侧面相对底座侧面的对称度，四周圆角要保证线轮廓度。零件毛坯为 90 mm×90 mm×20 mm 的方料。零件材料为 45 钢。

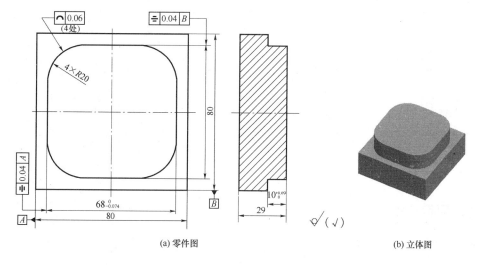

(a) 零件图　　　　　　　　　　　(b) 立体图

图 3-2-1　凸台 1

（2）选择刀具及切削用量。根据粗、精加工分开、不同的轮廓采用不同的刀具加工，上图 XKZ01 在加工是需选用 $\phi16$ 三刃粗立铣刀、$\phi10$ 四刃精立铣刀。刀具及切削参数如表 3-2-1 所示。

表 3-2-1 刀具及切削参数

序号	刀具号	刀具类型	半径补偿值 D	主轴转速 n /(r/min)	进给速度 v_f/(mm/min)
1	T01	$\phi16$ 三刃立铣刀	粗加工 $D=8.3$	450	100
2	T02	$\phi10$ 四刃立铣刀	半精加工 $D=5.1$	3 500	600
编制		审核		批准	

（3）制定工艺路线。

① 用平口虎钳装夹工件，伸出钳口 12 mm。

② 安装 $\phi16$ 三刃粗立铣刀并对刀，设定刀具参数，粗铣外矩形凸台与内矩形槽，单边预留 0.5 mm 余量。

③ 安装 $\phi10$ 四刃精立铣刀并对刀，设定刀具参数，半精铣外矩形凸台与内矩形槽，单边预留 0.1 mm 余量。

④ 测量工件尺寸，根据测量结果，调整刀具半径补偿值，重新执行程序精铣外矩形凸台与内矩形槽零件，直至达到加工要求。

（4）填写工艺卡片。数控加工工艺卡片如表 3-2-2 所示。

表 3-2-2 数控加工工艺卡片

数控加工工序卡		产品名称		项目名称		零件图号
				外矩形凸台		
工序号	程序编号	夹具名称		使用设备		车间
		平口虎钳		加工中心（VM600 型）		数控实训中心
工步号	工步内容	刀具号	刀具规格	主轴转速 n /(r/min)	进给速度 v_f/(mm/min)	背吃刀量 a_p/mm	备注
1	粗铣外矩形凸台	T01	$\phi16$ 三刃粗立铣刀	450	100		
2	半精铣外矩形凸台	T02	$\phi10$ 四刃精立铣刀	3 500	600		
3	精铣外矩形凸台	T02	$\phi10$ 四刃精立铣刀	3 500	600		
编制		审核		批准		共 1 页	第 1 页

三、项目实施

任务一　编制加工程序

粗铣和精铣使用同一个加工程序，通过调整刀具半径补偿值实现粗、半精加工和精加工。数控加工程序如表 3-2-3 所示。

表 3-2-3　数控加工程序单

项目序号	02	项目名称	外矩形凸台	编程原点	工件的对称中心
程序号	O0001		数控系统	FANUC 0i	编制
程序内容			说　明		
N2 G54 G17 G40 G90 G80 G21 G69;			G54 坐标零点偏置		
N4 T01;			刀具号设定（φ16 三刃粗立铣刀）		
N6 G00 G43 Z100 H01 M3 S450;			建立刀具长度补偿，主轴正转，转速 450 r/min		
N8 X−42 Y−55;			刀具快速移动到下刀点		
N10 Z2 M8;			刀具快速移动到安全高度 2 mm，冷却液打开		
N11 G1 Z−10 F20;			刀具下降到给定深度，进给速度 20 mm/min		
N12 G41 G1 X−34 Y−45 D03 F100;			建立左刀补并移动到指定位置，进给速度 100 mm/min		
N14 X−34 Y34，R20;			直线插补并倒圆 R20		
N16 X34 Y34，R20;			直线插补并倒圆 R20		
N18 X34 Y−34，R20;			直线插补并倒圆 R20		
N20 X−34 Y−34，R20;			直线插补并倒圆 R20		
N22 G01 Y−13;			线插补		
N24 G01 G40 X−55 Y−13;			取消刀具半径补偿		
N26 G00 Z100;			刀具快速移动到安全高度 100 mm		
N28 M9;			主轴停止转动		
N30 M5;			冷却液关闭		
N32 M30;			程序结束并返回程序开头		

注：若采用加工中心加工该工件，只需预先设定好刀具长度和半径值，采用刀库换刀。

任务二　零件的加工和检测

（1）工、量、刃具准备清单。零件工、量、刃具准备清单如表 3-2-4 所示。

表 3-2-4　工量刃具准备清单

序号	名称	规格	数量	备注
1	游标卡尺	0～150 mm	1 把	
2	外测千分尺	50～75 mm	1 把	
3	内测千分尺	50～75 mm	1 把	
4	百分表及表座	0～10 mm	1 套	
5	中心钻	A3	1 支	
6	钻头	φ9.8	1 支	
7	三刃粗立铣刀	φ16	1 支	
8	四刃精立铣刀	φ10	1 支	
9	钻夹头刀柄		1 套	
10	强力铣刀刀柄		1 套	
11	普通铣刀刀柄		2 套	
12	锉刀		1 套	
13	夹紧工具		1 套	
14		① 平口钳、垫块若干、刷子、油壶等；		
15	其他附具	② 函数型计算器；		
16		③ 其他常用辅具		
17	材　料	45# 钢，90 mm×90 mm×20 mm		
18	数控系统	SINUMERIK、FANUC 或华中 HNC 数控系统		

(2) 输入程序、装夹工件、对刀并切削加工工件，注意加工尺寸与精度的控制，加工尺寸应达图样要求。

① 使用寻边器确定工件零点时，应采用碰双边法。

② 固定钳口应与工作台的 X 轴平行。

③ 装夹工件时，需要先去毛刺。

四、项目评价

零件加工结束后进行检测，对工件进行误差与质量分析，将结果写在项目实施评价表中，如表 3-2-5 所示。

表 3-2-5　项目实施评价表

评分表		项目序号	3	检测编号		
考核项目		考核要求	配分	评分标准	检测结果	得分
尺寸项目	1	$68-^0_{0.074}$　　$Ra3.2$	10/4	超差不得分		
	2	$68-^0_{0.074}$　　$Ra3.2$	10/4	超差不得分		
	3	$10+^{0.09}_{0}$　　$Ra3.2$	10/4	超差不得分		
	4	$4\times R20$　　$Ra1.6$	10/4	超差不得分		
	5			超差不得分		
	6			超差不得分		
	7					
	8					
	9					
	10					
几何公差	1	⟌ 0.04 A	10	超差不得分		
	2	⟌ 0.04 B	10	超差不得分		
	3	⌒ 0.06	10	超差不得分		
	4					
	5					
其他	1	安全生产	10	违反有关规定扣 1~3 分		
	2	文明生产	10	违反有关规定扣 1~2 分		
	3	按时完成		超时≤15 min 扣 5 分		
				超时>15~30 min 扣 10 分		
				超时>30 min 不计分		
总配分			100	总分		
工时定额		120 min		监考		日期
加工开始：　时　分		停工时间		加工时间	检测	日期
加工结束：　时　分		停工原因		实际时间	评分	日期

五、项目总结

数控机床工件坐标系的找正，直接影响到工件加工质量的好坏。不同的加工零工件坐标系的设置也不同，应合理的选择，便于对刀和程序的编制。

 思考练习

1. 怎样设置 X、Y 的工件坐标系？
2. 刀具半径磨损量应怎样设置？
3. 如何选择合适的加工刀具？

加工凸台 2

项目三

一、项目要求

(1) 能设置刀具参数和工件零点偏置。

(2) 能正确选择刀具的种类与规格。

(3) 能使用刀具半径补偿功能对内外轮廓进行程序编制和铣削加工。

二、相关知识

(1) 识读图样。图 3-3-1 所示为凸台零件图和立体图。零件材料为 45 钢,加工部分为正六边形凸台,零件毛坯为 100 mm×80 mm×20 mm 的方料。加工时要保证凸台侧面对底座侧面的对称度。

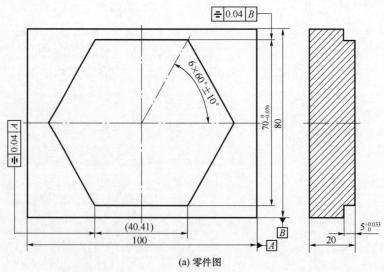

(a) 零件图

图 3-3-1　凸台

128

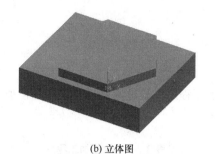

(b) 立体图

图 3-3-1 凸台 2（续）

（2）选择刀具及切削用量。根据粗、精加工分开、不同的轮廓采用不同的刀具加工，上图 XKZ02 在加工时需要 $\phi16$ 三刃粗立铣刀、$\phi10$ 四刃精立铣刀。刀具及切削参数如表 3-3-1 所示。

表 3-3-1 刀具及切削参数

序号	刀具号	刀具类型	半径补偿值 D	主轴转速 n /(r/min)	进给速度 v_f/(mm/min)
1	T01	$\phi16$ 三刃粗立铣刀	粗加工 D=8.3	450	100
2	T02	$\phi10$ 四刃立铣刀	半精加工 D=5.1	3 500	600
编制		审核		批准	

（3）制定工艺路线。

① 用平口虎钳装夹工件，伸出钳口 12 mm。

② 安装 $\phi16$ 三刃粗立铣刀并对刀，设定刀具参数，粗铣外轮廓六边形与键槽，单边预留 0.5 mm 余量。

③ 安装 $\phi10$ 四刃精立铣刀并对刀，设定刀具参数，半精铣外轮廓六边形与键槽，单边预留 0.1 mm 余量。

④ 测量工件尺寸，根据测量结果，调整刀具半径补偿值，重新执行程序精铣外轮廓六边形与键槽零件，直至达到加工要求。

（4）填写工艺卡片。数控加工工艺卡片如表 3-3-2 所示。

表 3-3-2 数控加工工艺卡片

数控加工工序卡			产品名称	项目名称		零件图号
工序号		程序编号	夹具名称	使用设备		车间
			平口虎钳	加工中心（VM600 型）		数控实训中心
工步号	工步内容	刀具号	刀具规格	主轴转速 n /(r/min)	进给速度 v_f/(mm/min)	背吃刀量 a_p/mm	备注
1	粗铣外轮廓六边形	T01	$\phi16$ 三刃粗立铣刀	450	100		
2	半精铣外轮廓六边形	T02	$\phi10$ 四刃精立铣刀	3 500	600		
3	精铣外轮廓六边形	T02	$\phi10$ 四刃精立铣刀	3 500	600		
编制		审核		批准		共1页	第1页

三、项目实施

任务一　编制加工程序

粗铣和精铣使用同一个加工程序，通过调整刀具半径补偿值实现粗、半精加工和精加工。数控加工程序如表3-3-3所示。

表 3-3-3　数控加工程序

项目序号	02	项目名称	六边形凸台	编程原点	工件的对称中心
程序号	O0001	数控系统		FANUC 0i	编制
程序内容			说　　　　明		
N2 G54 G17 G40 G90 G80 G21 G69;			G54 坐标零点偏置		
N4 T03;			刀具号设定（ϕ16 三刃粗立铣刀）		
N6 G00 G43 Z100 H01 M3 S450;			建立刀具长度补偿，主轴正转，转速 450 r/min		
N8 X60 Y−43;			刀具快速移动到下刀点		
N10 Z2 M8;			刀具快速移动到安全高度 2 mm，冷却液打开		
N11 G1 Z−5 F80;			刀具下降到给定深度，进给速度 20 mm/min		
N12 G41 G1 X50 Y−35 D03 F100;			建立左刀补并移动到指定位置，进给速度 100 mm/min		
N14 X−20.205;			直线插补		
N16 X−40.415 Y0;			直线插补		
N18 X−20.205 Y35;			直线插补		
N20 X20.205;			直线插补		
N22 X40.415 Y0;			直线插补		
N24 X−20.205 Y−35;			直线插补		
N26 G01 G40 X60 Y−43;			取消刀具半径补偿		
N28 G00 Z100;			刀具快速移动到安全高度 100 mm		
N30 M9;			冷却液关闭		
N32 M5;			主轴停止转动		
N34 M30;			程序结束		

注：若采用加工中心加工该工件，只需预先设定好刀具长度和半径值，采用刀库换刀。

任务二　零件的加工和检测

（1）工、量、刃具准备清单。零件工、量、刃具准备清单如表3-3-4所示。

表 3-3-4　工量刃具准备清单

序号	名称	规格	数量	备注
1	游标卡尺	0～150 mm	1把	
2	外测千分尺	50～75 mm	1把	
3	内测千分尺	50～75 mm	1把	
4	百分表及表座	0～10 mm	1套	
5	中心钻	A3	1支	
6	钻头	$\phi9.8$	1支	
7	三刃粗立铣刀	$\phi16$	1支	
8	四刃精立铣刀	$\phi10$	1支	
9	钻夹头刀柄		1套	
10	强力铣刀刀柄		1套	
11	普通铣刀刀柄		2套	
12	锉刀		1套	
13	夹紧工具		1套	
14	其他附具	① 平口钳、垫块若干、刷子、油壶等;		
15		② 函数型计算器;		
16		③ 其他常用辅具		
17	材　料	45♯钢, 90 mm×90 mm×20 mm		
18	数控系统	SINUMERIK、FANUC 或华中 HNC 数控系统		

（2）输入程序、装夹工件、对刀并切削加工工件，注意加工尺寸与精度的控制，加工尺寸应达图样要求。

① 使用寻边器确定工件零点时，应采用碰双边法。

② 精铣时采用顺铣法，以提高工件表面质量。

四、项目评价

零件加工结束后进行检测，对工件进行误差与质量分析，将结果写在项目实施评价表中，如表 3-3-5 所示。

表 3-3-5　项目实施评价表

评分表		项目序号	3	检测编号			
考核项目		考核要求	配分	评分标准		检测结果	得分
尺寸项目	1	$70-^{0}_{0.076}$　$Ra3.2$	24/6	超差不得分			
	2	40.41　$Ra3.2$	8/2	超差不得分			
	3	$5+^{0.033}_{0}$　$Ra3.2$	8/2	超差不得分			
	4	$6\times60°\pm10°$　$Ra3.2$	8/2	超差不得分			
	5						
	6						
	7						
	8						
	9						
	10						
几何公差	1	⊟ 0.04 A	10	超差不得分			
	2	⊟ 0.04 B	10	超差不得分			
	3						
	4						
	5						
其他	1	安全生产	10	违反有关规定扣1～3分			
	2	文明生产	10	违反有关规定扣1～2分			
	3	按时完成		超时≤15 min 扣5分			
				超时>15～30 min 扣10分			
				超时>30 min 不计分			
总配分			100	总　分			

工时定额	120 min	监考			日期	
加工开始：　时　分	停工时间	加工时间		检测	日期	
加工结束：　时　分	停工原因	实际时间		评分	日期	

五、项目总结

对于简单零件，通常采用手工编程方式来编程。对于一些复杂的零件或空间曲面零件，编程工作量巨大，计算非常烦琐，花费时间太长，必须利用自动编程来完成程序的编制。现代数控系统一般都具有刀具补偿功能，根据工件轮廓尺寸编制的加工程序以及预先存放在数控系统中的刀具中心偏移量，系统自动计算刀具中心轨迹，并控制刀具进行加工。如没有刀具半径补偿功能，当刀具因更换或磨损等而改变半径造成刀具中心产生偏移量时，都要重新编制新的加工程序，这将极其烦琐，大大影响加工效率。而现在具有刀具半径补偿功能，只需调整刀具半径补偿量就可以完成零件的粗、精加工，大大的简化程序的编制和操作者的劳动强度。

思考练习

1. 如何制定工艺参数？
2. 如何使用刀具半径补偿功能加工零件？

钻扩孔加工

一、项目要求

(1) 熟练掌握孔加工程序的编制及加工步骤。

(2) 能区别 G81 和 G83 指令使用功能。

(3) 掌握孔系的加工方法。

(4) 能合理的选择切削用量应，防止由于切削用量选择不当而断刀。

二、相关知识

(1) 识读图样。图 3-4-1 所示为孔类零件 1 的零件图和立体图。加工部分为中心孔和 φ8 的 12 个孔。零件毛坯为 100 mm×100 mm×20 mm 的方料。孔尺寸精度为自由公差，加工精度较低。零件材料为 45 钢。

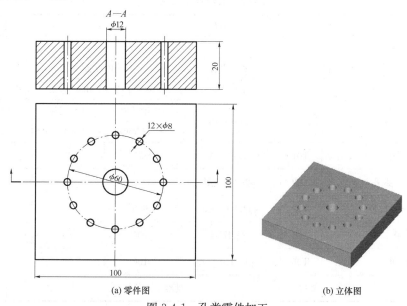

(a) 零件图　　　　　　　　　　(b) 立体图

图 3-4-1　孔类零件加工

（2）刀具选择、切削用量的确定。根据粗、精加工分开、不同的轮廓采用不同的刀具加工。刀具及切削参数如表 3-4-1 所示。

表 3-4-1　刀具及切削参数

序号	刀具号	刀具类型	半径补偿值 D	主轴转速 n /(r/min)	进给速度 v_f/(mm/min)
1	T01	A3 中心钻		1 500	30
2	T02	ϕ7.8 麻花钻		700	50
3	T03	ϕ11.8 麻花钻		500	50
4	T04	ϕ8H7 铰		100	80
5	T05	ϕ12H7 铰刀		100	80
编制			审核		批准

（3）制定工艺路线。ϕ8 mm 孔和 ϕ12 mm 孔先采用麻花钻削加工，然后进行铰削加工。采用平口钳来装夹工件，工件坐标系设置在工件对称中心轴上。具体加工步骤如下：

① 安装夹毛坯，伸出平口虎钳钳口 10 mm 左右，设定相对应的工件坐标系原点偏置。

② 安装 A3 中心钻并进行 Z 向对刀，使用 G81 指令点钻 12×ϕ8 mm 底孔和 ϕ12 mm 底孔，提高孔的位置精度。

③ 安装 ϕ7.8 mm 麻花钻并对刀，使用 G83 深孔钻指令加工 12×ϕ8 mm 孔。

④ 安装 ϕ11.8 mm 麻花钻并对刀，使用 G83 深孔钻指令加工 ϕ12 mm 孔。

⑤ 安装 ϕ8H7 铰刀并对刀，使用 G85 铰削 ϕ8 mm 孔。

⑥ 安装 ϕ12H7 铰刀并对刀，使用 G85 铰削 ϕ12 mm 孔。

（4）填写工艺卡片。数控加工工艺卡片如表 3-4-2 所示。

表 3-4-2　数控加工工艺卡片

数控加工工序卡		产品名称		项目名称		零件图号	
工序号	程序编号	夹具名称		使用设备		车间	
		平口虎钳		加工中心（VM600 型）		数控实训中心	
工步号	工步内容	刀具号	刀具规格	主轴转速 n /(r/min)	进给速度 v_f/(mm/min)	背吃刀量 a_p/mm	备注
1	钻削定位孔	T01	A3 中心钻	1 500	30		
2	钻削加工 ϕ8 孔	T02	ϕ7.8 麻花钻	3 000	50		
3	钻削加工 ϕ12 孔	T03	ϕ11.8 麻花钻	600	50		
4	铰削 ϕ8 孔	T04	ϕ8H7 刀	100	80		
5	铰削 ϕ12 孔	T05	ϕ12H7 铰刀	100	80		
编制		审核		批准		共 1 页	第 1 页

三、项目实施

任务一　编制加工程序

粗铣和精铣使用同一个加工程序，通过调整刀具半径补偿值实现粗、半精加工和精加工。数控加工程序如表 3-4-3 所示。

表 3-4-3　数控加工程序单

项目序号		项目名称	加工定位孔	编程原点	工件的对称中心
程序号	O0001、O0002、O0003、O0004	数控系统		FANUC 0i	
程序内容		说　　　明			
O0001 N2		加工定位孔			
G54G17G40G90G80G21G69； N4 T1；		G54 坐标零点偏置			
		刀具号设定（A3 中心钻）			
N6 G0G43Z100H1M3S1500；		建立刀具长度补偿及刀具快速到达 Z100 mm，主轴正转，转速为 1 500 r/min			
N8 X0Y0 M8；		刀具快速移动到第一钻孔位置冷却液打开			
N10 G98G81X0Y0Z—5R2F30；		调用 G81 钻孔循环钻孔，深度 5 mm，进给速度 30 mm/min			
N12 G16；		采用极坐标简化编程			
N14 X30Y0；		刀具快速移动到第二钻孔点，调用 G81 钻孔			
N16 X30Y30；		刀具快速移动到第三钻孔点，调用 G81 钻孔			
N18 X30Y60；		刀具快速移动到第四钻孔点，调用 G81 钻孔			
N20 X30Y90；		刀具快速移动到第五钻孔点，调用 G81 钻孔			
N22 X30Y120；		刀具快速移动到第六钻孔点，调用 G81 钻孔			
N24 X30Y150；		刀具快速移动到第七钻孔点，调用 G81 钻孔			
N26 X30Y180；		刀具快速移动到第八钻孔点，调用 G81 钻孔			
N28 X30Y210；		刀具快速移动到第九钻孔点，调用 G81 钻孔			
N30 X30Y240；		刀具快速移动到第十钻孔点，调用 G81 钻孔			
N32 X30Y270；		刀具快速移动到第十一钻孔点，调用 G81 钻孔			
N34 X30Y300；		刀具快速移动到第十二钻孔点，调用 G81 钻孔			
N36 X30Y330；		刀具快速移动到第十三钻孔点，调用 G81 钻孔			
N38 G80；		取消钻孔循环			
N40 M5；		主轴停止			
N42 M9；		冷却液关闭			
N44 M30；		程序结束并返回程序开头			
O0002		加工 $\phi 8$ 的孔			
N2 G54G17G40G90G80G21G69；		G54 坐标零点偏置			
N4 T2；		刀具号设定（$\phi 7.8$ 钻头）			
N6 G0G43Z100H3M3S700；		建立刀具长度补偿及刀具快速到达 Z100 mm，主轴正转，转速为 700 r/min			

项目序号			项目名称	加工定位孔	编程原点	工件的对称中心
程序号	O0001、O0002、O0003、O0004			数控系统		FANUC 0i
程序内容				说 明		
O0002				加工 $\phi8$ 的孔		
N8 G16;				采用极坐标简化编程		
N10 X30Y0M8;				刀具快速移动到第一钻孔位置冷却液打开		
N12 G98G83X0Y0Z－35R2Q6F50;				刀具快速移动到第一钻孔点，调用 G83 钻孔		
N14 X30Y30;				刀具快速移动到第二钻孔点，调用 G83 钻孔		
N16 X30Y60;				刀具快速移动到第三钻孔点，调用 G83 钻孔		
N18 X30Y90;				刀具快速移动到第四钻孔点，调用 G83 钻孔		
N20 X30Y120;				刀具快速移动到第五钻孔点，调用 G83 钻孔		
N22 X30Y150;				刀具快速移动到第六钻孔点，调用 G83 钻孔		
N24 X30Y180;				刀具快速移动到第七钻孔点，调用 G83 钻孔		
N26 X30Y210;				刀具快速移动到第八钻孔点，调用 G83 钻孔		
N28 X30Y240;				刀具快速移动到第九钻孔点，调用 G83 钻孔		
N30 X30Y270;				刀具快速移动到第十钻孔点，调用 G83 钻孔		
N32 X30Y300;				刀具快速移动到第十一钻孔点，调用 G83 钻孔		
N34 X30Y330;				刀具快速移动到第十二钻孔点，调用 G83 钻孔		
N36 G80;				取消钻孔循环		
N38 M5;				主轴停止		
N40 M9;				冷却液关闭		
N42 M30;				程序结束并返回程序开头		
O0003				钻削 $\phi12$ 孔		
N2 G54G17G40G90G80G21G69;				G54 坐标零点偏置		
N4 T3;				刀具号设定（$\phi11.8$ 钻头）		
N6 G0G43Z100H3M3S500;				建立刀具长度补偿及刀具快速到达 Z100 mm，主轴正转，转速为 500 r/min		
N8 X0Y0 M8;				刀具快速移动到第一钻孔位置冷却液打开		
N10 G98G83X0Y0Z－35R2Q10F50;				调用 G83 钻孔循环钻孔，深度 10 mm，进给速度 50 mm/min		
N12 G80;				取消钻孔循环		
N14 M5;				主轴停止		
N16 M9;				冷却液关闭		
N18 M30;				程序结束并返回程序开头		
O0004				加工 $\phi8$ 孔		
N2 G54G17G40G90G80G21G69;				G54 坐标零点偏置		
N4 T4;				刀具号设定（$\phi8$ 钻头）		
N6 G0G43Z100H4M3S100;				建立刀具长度补偿及刀具快速到达 Z100 mm，主轴正转，转速为 100 r/min		
N8 G16;				采用极坐标简化编程		
N10 X30Y0M8;				刀具快速移动到第一铰孔位置冷却液打开		

续表

项目序号		项目名称	加工定位孔	编程原点	工件的对称中心
程序号	O0001、O0002、O0003、O0004		数控系统		FANUC 0i

程序内容	说　明
O0004	加工 φ4 的孔
N12 G98G85X30Y0Z－25R2F80；	刀具快速移动到第一铰孔点，调用 G85 铰孔
N14 X30Y30；	刀具快速移动到第二铰孔点，调用 G85 铰孔
N16 X30Y60；	刀具快速移动到第三铰孔点，调用 G85 铰孔
N18 X30Y90；	刀具快速移动到第四铰孔点，调用 G85 铰孔
N20 X30Y120；	刀具快速移动到第五铰孔点，调用 G85 铰孔
N22 X30Y150；	刀具快速移动到第六铰孔点，调用 G85 铰孔
N24 X30Y180；	刀具快速移动到第七铰孔点，调用 G85 铰孔
N26 X30Y210；	刀具快速移动到第八铰孔点，调用 G85 铰孔
N28 X30Y240；	刀具快速移动到第九铰孔点，调用 G85 铰孔
N30 X30Y270；	刀具快速移动到第十铰孔点，调用 G85 铰孔
N32 X30Y300；	刀具快速移动到第十一铰孔点，调用 G85 铰孔
N34 X30Y330；	刀具快速移动到第十二铰孔点，调用 G85 铰孔
N36 G80；	取消铰孔循环
N38 M5；	主轴停止
N40 M9；	冷却液关闭
N42 M30；	程序结束并返回程序开头
O0005	铰削 φ12 孔
N2 G54G17G40G90G80G21G69；	G54 坐标零点偏置
N4 T5；	刀具号设定（φ11.8 钻头）
N6 G0G43Z100H3M3S100；	建立刀具长度补偿及刀具快速到达 Z100 mm，主轴正转，转数 100 r/min
N8 X0Y0 M8；	刀具快速移动到第一铰孔位置冷却液打开
N10 G98G85X0Y0Z－25R2F80；	调用 G85 钻孔循环铰孔，深度 25 mm，进给速度 80 mm/min
N12 G80；	取消铰孔循环
N14 M5；	主轴停止
N16 M9；	冷却液关闭
N18 M30；	程序结束并返回程序开头

注：若采用加工中心加工该工件，只需预先设定好刀具长度和半径值，采用刀库换刀。

任务二　零件的加工和检测

（1）工、量、刃具准备清单。零件工、量、刃具准备清单如表 3-4-4 所示。

表 3-4-4　工量刃具准备清单

序号	名 称	规 格	数 量	备 注
1	游标卡尺	0～150 mm	1把	
2	百分表及表座	0～10 mm	1套	
3	中心钻	A3	1支	
4	钻头	$\phi 7.8$、$\phi 11.8$	各1支	
5	立铣刀	$\phi 12$	1支	
6	面铣刀	$\phi 100$	1支	
7	钻夹头刀柄		1套	
8	强力铣刀刀柄		1套	
9	普通铣刀刀柄		2套	
10	锉刀		1套	
11	夹紧工具		1套	
12	其他附具	① 平口钳、垫块若干、刷子、油壶等;		
13		② 函数型计算器;		
14		③ 其他常用辅具		
15	材　料	45♯钢，100 mm×100 mm×32 mm		
16	数控系统	SINUMERIK、FANUC 或华中 HNC 数控系统		

（2）输入程序、装夹工件、对刀　并切削加工工件，注意加工尺寸与精度的控制，加工尺寸应达图样要求。

① 钻孔时，更换刀具后须重新对刀。

② 孔加工时必须先定位，以提高后续孔的加工精度。

四、项目评价

零件加工结束后进行检测，对工件进行误差与质量分析，将结果写在项目实施评价表中，如表 3-4-5 所示。

表 3-4-5　项目实施评价表

评分表			项目序号		4	检测编号		
考核项目		考核要求		配分		评分标准	检测结果	得分
尺寸项目	1	12×$\phi 8$	$Ra3.2$	6/2		超差不得分		
	2	$\phi 12$	$Ra3.2$	6/2		超差不得分		
	3	$\phi 4$	$Ra3.2$	24/12		超差不得分		
	4	$\phi 60$	$Ra3.2$	6/2		超差不得分		
	5							

评分表		项目序号	4	检测编号			
考核项目		考核要求	配分	评分标准		检测结果	得分
几何公差	1	⬜ 0.04 A	10	超差不得分			
	2	⬜ 0.04 B	10	超差不得分			
	3						
	4						
	5						
其他	1	安全生产	10	违反有关规定扣1～3分			
	2	文明生产	10	违反有关规定扣1～2分			
	3	按时完成		超时≤15 min 扣5分			
				超时>15～30 min 扣10分			
				超时>30 min 不计分			
总配分			100	总分			

工时定额		120 min		监考			日期	
加工开始:　时　分		停工时间		加工时间		检测	日期	
加工结束:　时　分		停工原因		实际时间		评分	日期	

五、项目总结

在数控铣床能完成钻、铰、扩、镗、螺纹等加工,对于位置精度或尺寸精度要求较高的零件,在钻孔之前都要打中心孔来提高钻孔的稳定性。而对于孔径较大,且孔的精度要求较高的孔,一般精加工采用镗孔的加工方式来加工。

 思考练习

1. 固定循环指令通常包括哪些基本动作?
2. 用什么指令可以撤消固定循环指令?
3. 使用固定循环指令中应注意哪些事项?

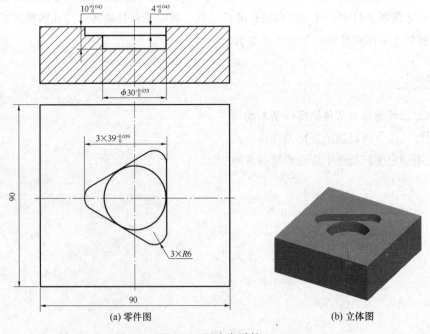

加工型腔 1

一、项目要求

(1) 能根据零件图的要求合理制定型腔的加工工艺路线。

(2) 能合理选用刀具并合理确定切削参数。

(3) 能使用倒圆指令和刀具半径补偿功能正确编制加工程序。

(4) 掌握铣削工件型腔的技能。

二、相关知识

(1) 识读图样。图 3-5-1 所示为型腔类零件 1 的零件图和立体图。加工部分为三角形型腔和

$10^{+0.043}_{0}$ $4^{+0.043}_{0}$

$\phi 30^{+0.033}_{0}$

$3 \times 39^{+0.039}_{0}$

$3 \times R6$

90

90

(a) 零件图

(b) 立体图

图 3-5-1 型腔类零件 1

圆形槽，加工时要保证三角形型腔和圆形槽的精度。零件毛坯为 90 mm * 90 mm * 20 mm 的方料。零件材料为 45 钢。

（2）选择刀具及切削用量。根据粗、精加工分开、不同的轮廓采用不同的刀具加工。选用中心钻 A3、ϕ9.8 钻头、ϕ16 三刃粗立铣刀、ϕ10 四刃精立铣刀。刀具及切削参数如表 3-5-1 所示。

表 3-5-1　刀具及切削参数

序号	刀具号	刀具类型	半径补偿值 D	主轴转速 n /(r/min)	进给速度 v_f/(mm/min)
1	T01	中心钻 A3		1 500	30
2	T02	ϕ9.8 钻头		700	50
3	T03	ϕ10 三刃立铣刀	粗加工 $D=5.3$	600	100
4	T04	ϕ10 四刃立铣刀	半精加工 $D=5.1$	3 500	600
编制		审核		批准	

（3）制定工艺路线。

① 用平口虎钳装夹工件，伸出钳口 12 mm。

② 用 A3 中心钻定位加工矩形槽垂直进刀的工艺孔，ϕ9.8 钻头钻削工艺孔。

③ 安装 ϕ10 三刃粗立铣刀并对刀，设定刀具参数，粗铣圆槽与三角形槽，单边预留 0.5 mm 余量。

④ 安装 ϕ10 四刃精立铣刀并对刀，设定刀具参数，半精铣圆槽与三角形槽，单边预留 0.1 mm 余量。

⑤ 测量工件尺寸，根据测量结果，调整刀具半径补偿值，重新执行程序精铣外矩形凸台与内矩形槽零件，直至达到加工要求。

（4）填写工艺卡片。

数控加工工艺卡片如表 3-5-2 所示。

表 3-5-2　数控加工工艺卡片

数控加工工序卡		产品名称		项目名称	零件图号
				挖槽加工 1	
工序号	程序编号	夹具名称		使用设备	车间
		平口虎钳		加工中心（VM600 型）	数控实训中心
工步号	工步内容	刀具号	刀具规格	主轴转速 n /(r/min)	进给速度 v_f/(mm/min)	背吃刀量 a_p/mm	备注
1	钻工艺孔	T01	A3 中心钻	1 500	30		
2	钻工艺孔	T02	ϕ9.8 钻头	700	50		
3	粗铣外矩形凸台	T03	ϕ10 三刃粗立铣刀	600	100		
4	半精铣外矩形凸台	T04	ϕ10 四刃精立铣刀	3 500	600		
5	精铣外矩形凸台	T04	ϕ10 四刃精立铣刀	3 500	600		
编制		审核		批准		共 1 页	第 1 页

三、项目实施

任务一 编制加工程序

粗铣和精铣使用同一个加工程序，通过调整刀具半径补偿值实现粗、半精加工和精加工。数控加工程序如表 3-5-3 所示。

表 3-5-3 数控加工程序单

项目序号		项目名称	挖槽加工 1	编程原点	工件的对称中心
程序号	O0001、O0002		数控系统		FANUC 0i
程序内容			说	明	
O0001			圆槽加工		
N2 G54 G17 G40 G90 G80 G21 G69；			G54 坐标零点偏置		
N4 T03；			刀具号设定（ϕ10 三刃粗立铣刀）		
N6 G00 G43 Z100 H03 M3 S600；			建立刀具长度补偿，主轴正转，转速 450 r/min		
N8 X0 Y0；			刀具快速移动到下刀点		
N10 Z2 M8；			刀具快速移动到安全高度 2mm，冷却液打开		
N11 G1 Z−10 F20；			刀具下降到给定深度，进给速度 20 mm/min		
N12 G41 G1 X15 Y−0 D03 F60；			建立左刀补并移动到指定位置，进给速度 60 mm/min		
N14 G3 I−15 J0 F100；			整圆加工		
N16 G1 G40 X0 Y0；			取消刀具半径补偿		
N18 G00 Z100；			刀具快速移动到安全高度 100 mm		
N20 M9；			冷却液关闭		
N22 M5；			主轴停止转动		
N24 M30；			程序结束并返回程序开头		
O0002			三角形槽加工		
N2 G54 G17 G40 G90 G80 G21 G69；			G54 坐标零点偏置		
N4 T03；			刀具号设定（ϕ10 三刃粗立铣刀）		
N6 G00 G43 Z100 H03 M3 S600；			建立刀具长度补偿，主轴正转，转速 450 r/min		
N8 X0 Y0；			刀具快速移动到下刀点		
N10 Z2 M8；			刀具快速移动到安全高度 2 mm，冷却液打开		
N12 G1 Z−10 F20；			刀具下降到给定深度，进给速度 20 mm/min		
N14 G41 G1 X15 Y0 D03 F60；			建立左刀补并移动到指定位置，进给速度 60 mm/min		
N16 G1 X15 Y25.981，R6 F100；			直线插补倒圆角		
N18 G1 X−30 Y0，R6；			直线插补倒圆角		
N20 G1 X15 Y−25.981，R6；			直线插补倒圆角		
N22 G1 X15 Y0；			直线插补		
N24 G1 G40 X0 Y0；			取消刀具半径补偿		
N26 G00 Z100；			刀具快速移动到安全高度 100 mm		
N28 M9；			冷却液关闭		
N30 M5；			主轴停止转动		
N32 M30；			程序结束并返回程序开头		

注：若采用加工中心加工该工件，只需预先设定好刀具长度和半径值，采用刀库换刀。

任务二 零件的加工和检测

（1）工、量、刃具准备清单。图 3-5-1 所示零件工、量、刃具准备清单如表 3-5-4 所示。

表 3-5-4 工量刃具准备清单

序号	名 称	规 格	数量	备 注
1	游标卡尺	0～150 mm	1 把	
2	外测千分尺	50～75 mm	1 把	
3	内测千分尺	50～75 mm	1 把	
4	百分表及表座	0～10 mm	1 套	
5	中心钻	A3	1 支	
6	钻头	$\phi 9.8$	1 支	
7	三刃粗立铣刀	$\phi 16$	1 支	
8	四刃精立铣刀	$\phi 10$	1 支	
9	钻夹头刀柄		1 套	
10	强力铣刀刀柄		1 套	
11	普通铣刀刀柄		2 套	
12	锉刀		1 套	
13	夹紧工具		1 套	
14		① 平口钳、垫块若干、刷子、油壶等；		
15	其他附具	② 函数型计算器；		
16		③ 其他常用辅具		
17	材 料	45♯钢，90 mm×90 mm×20 mm		
18	数控系统	SINUMERIK、FANUC 或华中 HNC 数控系统		

（2）输入程序、装夹工件、对刀 并切削加工工件，注意加工尺寸与精度的控制，加工尺寸应达图样要求。

① 精铣时，采用顺铣法，以提高表面质量。

② 垂直进刀时，应避免立铣刀直接切削工件。

③ 铣削加工时，铣刀尽量沿轮廓切线方向进刀和退刀。

四、项目评价

零件加工结束后进行检测，对工件进行误差与质量分析，将结果写在项目实施评价表中，如表 3-5-5 所示。

表 3-5-5　项目实施评价表

评分表		项目序号	5	检测编号		
考核项目	考核要求		配分	评分标准	检测结果	得分
尺寸项目	1	$3 \times 39^{+0.039}_{0}$　　Ra3.2	21/6	超差不得分		
	2	$\phi 30^{+0.033}_{0}$　　Ra3.2	8/2	超差不得分		
	3	$4^{+0.043}_{0}$　　Ra3.2	8/2	超差不得分		
	4	$10^{+0.043}_{0}$　　Ra3.2	8/2	超差不得分		
	5	$3 \times R6$　　Ra3.2	3			
几何公差	1	⊟ 0.04 A	10	超差不得分		
	2	⊟ 0.04 B	10	超差不得分		
	3					
	4					
	5					
其他	1	安全生产	10	违反有关规定扣 1～3 分		
	2	文明生产	10	违反有关规定扣 1～2 分		
	3	按时完成		超时≤15 min 扣 5 分		
				超时>15～30 min 扣 10 分		
				超时>30 min 不计分		
总 配 分			100	总　分		

工时定额		2 min	监考		日期	
加工开始：　时　分	停工时间		加工时间	检测	日期	
加工结束：　时　分	停工原因		实际时间	评分	日期	

五、项目总结

在数控加工过程中，尽可能选用少的刀具完成轮廓的加工，这样可以大大的提高加工效率，减少换刀等辅助时间。但也不能一概而论，有时选用的刀具过小，造成走刀次数增多，底面加工质量差等现象，而得不偿失。

在模具制造业中，槽类加工是一种经常见到的一种加工方法，主要用来挖除一个封闭区域内的材料，在这个封闭区域内可以包含不准铣削的区域（也称岛屿）。

岛屿铣削加工，应注意综合考虑下刀点位置，尤其时走刀空间较小的情况下，更加要考虑走刀路径，防止轮廓过切。

思考练习

1. 如何计算节点坐标？

2. 思考如何在节点处进行圆滑过渡编程？

3. 加工整圆时，应用什么格式的编程指令？试写出程序段的格式。

加工型腔 2

项目六

一、项目要求

(1) 能根据零件图的要求合理制定型腔的加工工艺路线。

(2) 能合理选用刀具并合理确定切削参数。

(3) 能使用倒圆指令和刀具半径补偿功能正确编制加工程序。

(4) 掌握铣削工件型腔的技能。

(5) 学会检测零件的精度，能分析和处理加工时出现的精度和其他质量问题。

二、相关知识

(1) 分析零件图。图 3-6-1 所示为型腔类零件 2 的零件图和立体图。加工部分为 $\phi 20$ 通孔和

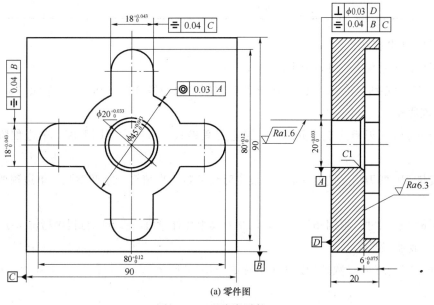

(a) 零件图

图 3-6-1　型腔类零件 2

(b) 立体图

图 3-6-1   型腔类零件 2（续）

十字凹型腔，加工时要保证 ϕ20 通孔的尺寸精度以及对称度和垂直度、十字凹型腔的尺寸精度以及对称度。零件毛坯为 90 mm×90 mm×20 mm 的方料。零件材料为 45 钢。

（2）选择刀具及切削用量。根据粗、精加工分开、不同的轮廓采用不同的刀具加工，上图 XKZ05 在加工是需选用 A3 中心钻、ϕ19.8 钻头、ϕ20H7 绞刀、ϕ16 三刃粗立铣刀、ϕ10 四刃精立铣刀。刀具及切削参数如表 3-6-1 所示。

表 3-6-1   刀具及切削参数

序号	刀具号	刀具类型	半径补偿值 D	主轴转速 n /(r/min)	进给速度 v_f /(mm/min)
1	T01	A3 中心钻		1 500	30
2	T02	ϕ19.8 麻花钻		600	80
3	T03	ϕ20H7 绞刀		450	100
4	T04	ϕ16 三刃立铣刀	粗加工 D=8.3	450	100
5	T05	ϕ10 四刃立铣刀	半精加工 D=5.1	3 500	600
编制		审核		批准	

（3）制定工艺路线。

① 用平口虎钳装夹工件，伸出钳口 10 mm。

② 用 A3 中心钻定位 ϕ20 孔，ϕ19.8 钻头钻削单边预留 0.15～0.2 mm 余量，ϕ20H7 绞刀绞削加工该通孔。

③ 安装 ϕ16 三刃粗立铣刀并对刀，设定刀具参数，粗铣十字凹型腔，单边预留 0.5 mm 余量。

④ 安装 ϕ10 四刃精立铣刀并对刀，设定刀具参数，半精铣十字凹型腔，单边预留 0.1 mm 余量。

⑤ 测量工件尺寸，根据测量结果，调整刀具半径补偿值，重新执行程序精铣十字凹型腔零件，直至达到加工要求。

（4）填写工艺卡片。数控加工工艺卡片如表 3-6-2 所示。

表 3-6-2 数控加工工艺卡片

数控加工工序卡		产品名称		项目名称		零件图号
				挖槽加工 2		
工序号	程序编号	夹具名称		使用设备		车间
		平口虎钳		加工中心（VM600 型）		数控实训中心
工步号	工步内容	刀具号	刀具规格	主轴转速 n /(r/min)	进给速度 v_f/(mm/min)	背吃刀量 a_p/mm	备注
1	定位 $\phi20$ 孔	T01	A3 中心钻	1 500	30		
2	钻削 $\phi20$ 孔	T02	$\phi19.8$ 钻头	600	80		
3	绞削 $\phi20$ 孔	T03	$\phi20$H7 绞刀	450	100		
4	粗铣十字凹型腔	T04	$\phi16$ 三刃粗立铣刀	450	100		
5	半精铣十字凹型腔	T05	$\phi10$ 四刃精立铣刀	3 500	600		
6	精铣十字凹型腔	T05	$\phi10$ 四刃精立铣刀	3 500	600		
编制		审核		批准	共 1 页	第 1 页	

三、项目实施

任务一 编制加工程序

该轮廓十字凹型腔有 $\phi45$ 圆槽与宽度为 18 的圆槽组合而成，为了加工时使轮廓能够一次成形，故图形点 A 需采用勾股定理进行节点的计算，其余对称的点同理。

节点 A 计算：根据图示做辅助线利用勾股定理（见图 3-6-2）计算出点 A 数值 X_a 为

$$X_a = \sqrt{(45/2) \times (45/2) - (18/2) \times (18/2)} = 20.622$$

得：$Y_a = 9$

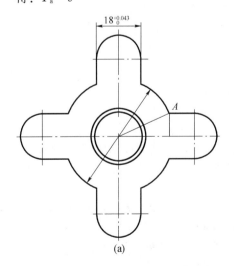

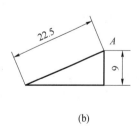

图 3-6-2 勾股定理

粗铣和精铣使用同一个加工程序，通过调整刀具半径补偿值实现粗、半精加工和精加工。数控加工程序如表 3-6-3 所示。

表 3-6-3 数控加工程序单

项目序号		项目名称	挖槽加工 2	编程原点	工件的对称中心
程序号	O0001、O0002、O0003、O0004		数控系统		FANUC 0i
程序内容			说　　　明		
O0001			加工定位孔		
N2 G54 G17 G40 G90 G80 G21 G69；			G54 坐标零点偏置		
N4 T01；			刀具号设定（A3 中心钻）		
N6 G00 G43 Z100 H01 M3 S1500；			建立刀具长度补偿，主轴正转，转速 1 500 r/min		
N8 X0 Y0；			刀具快速移动到第一钻孔位置		
N10 M8；			冷却液开		
N12 G98 G81 X0 Y0 Z—5 R2 F30；			调用 G81 钻孔循环钻孔，深度 5 mm，进给速度 30 mm/min		
N14 G80；			取消钻孔循环		
N16 M5；			主轴停止		
N18 M9；			冷却液关闭		
N20 M30；			程序结束并返回程序开头		
O0002			加工 ϕ19.8 的孔		
N2 G54 G17 G40 G90 G80 G21 G69；			G54 坐标零点偏置		
N4 T02；			刀具号设定（直径 19.8 钻头）		
N6 G00 G43 Z100 H02 M3 S400；			建立刀具长度补偿，主轴正转，转速 400 r/min		
N8 X0 Y0；			刀具快速移动到第一钻孔点		
N10 M8；			冷却液打开		
N12 G98 G73 X0 Y0 Z—30 R2 Q8 F50；			调用断屑钻循环钻孔，深度 30 mm，进给速度 50 mm/min		
N14 G80；			取消钻孔循环		
N16 M5；			主轴停止转动		
N18 M9；			冷却液关闭		
N20 M30；			程序结束并返回程序开头		
O0003			ϕ20 mm 绞孔		
N2 G54 G17 G40 G90 G80 G21 G69；			G54 坐标零点偏置		
N4 T03；			刀具号设定（直径 20 绞刀）		
N6 G00 G43 Z100 H03 M3 S100；			建立刀具长度补偿，主轴正转，转速 100 r/min		
N8 X0 Y0；			刀具快速移动到孔中心		
N10 M8；			冷却液打开		
N12 G98 G85 X0 Y0 Z—30 R2 F60；			调用 G85 绞孔循环绞孔，深度 30 mm，进给速度 60 mm/min		
N14 G80；			取消绞孔循环		
N16 G00 Z100；			刀具快速移动到安全高度 100 mm		
N18 M5；			主轴停止转动		
N20 M9；			冷却液关闭		
N22 M30；			程序结束并返回程序开头		

项目序号		项目名称	挖槽加工2	编程原点	工件的对称中心
程序号	O0001、O0002、O0003、O0004		数控系统		FANUC 0i

程序内容	说　　　明
O0004	十字凹型腔轮廓
N2 G54 G17 G40 G90 G80 G21 G69；	G54 坐标零点偏置
N4 T04；	刀具号设定（ϕ16 三刃粗立铣刀）
N6 G00 G43 Z100 H04 M3 S450；	建立刀具长度补偿，主轴正转，转速 450 r/min
N8 X0 Y0；	刀具快速移动到下刀点
N10 Z2 M8；	刀具快速移动到安全高度 2 mm，冷却液打开
N11 G1 Z−6 F20；	刀具下降到给定深度，进给速度 20 mm/min
N12 G41 G1 X20.622 Y−9 D04 F100；	建立左刀补并移动到指定位置，进给速度 100 mm/min
N14 X39；	直线插补
N16 G03 Y9 R9；	圆弧插补
N18 G01 X20.622；	直线插补
N20 G03 X9 Y20.622 R22.5；	圆弧插补
N22 G01 Y31；	直线插补
N24 G03 X−9 R9；	圆弧插补
N26 G01 Y20.622；	直线插补
N28 G03 X−20.622 Y9 R22.5；	圆弧插补
N30 G01 X−31；	直线插补
N32 G03 Y−9 R9；	圆弧插补
N34 G01 X−20.622；	直线插补
N36 G03 X−9 Y−20.622 R22.5；	圆弧插补
N38 G01 Y−31；	直线插补
N40 G03 X9 R9；	圆弧插补
N42 G01 Y−20.622；	直线插补
N44 G03 X20.622 Y−9 R9；	圆弧插补
N46 G01 G40 X0 Y0；	取消刀具半径补偿
N48 G00 Z100；	刀具快速移动到安全高度 100 mm
N50 M9；	主轴停止转动
N52 M5；	冷却液关闭
N54 M30；	程序结束并返回程序开头

注：若采用加工中心加工该工件，只需预先设定好刀具长度和半径值，采用刀库换刀。

任务二　零件的加工和检测

（1）工、量、刃具准备清单。零件工、量、刃具准备清单如表 3-6-4 所示。

表 3-6-4　工量刃具准备清单

序号	名称	规格	数量	备注
1	游标卡尺	0～150 mm	1把	
2	外测千分尺	50～75 mm	1把	
3	内测千分尺	50～75 mm	1把	
4	百分表及表座	0～10 mm	1套	
5	中心钻	A3	1支	
6	钻头	$\phi9.8$	1支	
7	铰刀	$\phi20H7$	1支	
8	三刃粗立铣刀	$\phi16$	1支	
9	四刃精立铣刀	$\phi10$	1支	
10	钻夹头刀柄		1套	
11	强力铣刀刀柄		1套	
12	普通铣刀刀柄		2套	
13	锉刀		1套	
14	夹紧工具		1套	
15		① 平口钳、垫块若干、刷子、油壶等；		
16	其他附具	② 函数型计算器；		
17		③ 其他常用辅具		
18	材　料	45♯钢，90 mm×90 mm×20 mm		
19	数控系统	SINUMERIK、FANUC 或华中 HNC 数控系统		

（2）输入程序、装夹工件、对刀并切削加工工件，注意加工尺寸与精度的控制，加工尺寸应达图样要求。

① 要注意使用 G41/G42 指令编程时走刀轨迹的区别，以防工件报废。

② 零件图 3-6-1 中 C1 为工艺倒角。

四、项目评价

零件加工结束后进行检测，对工件进行误差与质量分析，将结果写在项目实施评价表中，如在表 3-6-5 所示。

表 3-6-5　项目实施评价表

评分表		项目序号	6	检测编号		
考核项目	考核要求		配分	评分标准	检测结果	得分
尺寸项目	1	$80^{+0.12}_{0}$　　Ra3.2	8/2	超差不得分		
	2	$80^{+0.12}_{0}$　　Ra3.2	8/2	超差不得分		
	3	$\phi45^{+0.043}_{0}$　　Ra3.2	8/2	超差不得分		
	4	$4×18^{+0.043}_{0}$　　Ra3.2	8/2	超差不得分		
	5	$\phi20^{+0.033}_{0}$　　Ra1.6	10/4	超差不得分		
	6	$6^{+0.075}_{0}$　　Ra3.2	8/2	超差不得分		
	7					
	8					
	9					
	10					

续表

评分表		项目序号	6		检测编号		
考核项目		考核要求	配分		评分标准	检测结果	得分
几何公差	1	$\equiv\boxed{0.04}\boxed{A}$	2		超差不得分		
	2	$\equiv\boxed{0.04}\boxed{B}$	2		超差不得分		
	3	$\equiv\boxed{0.04}\boxed{B}\boxed{C}$	2				
	4	$\textcircled{\odot}\boxed{\phi0.03}\boxed{A}$	2				
	5	$\perp\boxed{\phi0.03}\boxed{D}$	2				
其他	1	安全生产	3		违反有关规定扣1~3分		
	2	文明生产	2		违反有关规定扣1~2分		
	3	按时完成			超时≤15 min 扣5分		
					超时>15~30 min 扣10分		
					超时>30 min 不计分		
总 配 分			100		总 分		
工时定额			120 min		监考		日期
加工开始: 时 分		停工时间			加工时间	检测	日期
加工结束: 时 分		停工原因			实际时间	评分	日期

五、项目总结

对于简单零件，通常采用手工编程方式来编程。在数控加工过程中，尽可能选用少的刀具完成轮廓的加工，这样可以大大的提高加工效率，减少换刀等辅助时间。但也不能一概而论，有时选用的刀具过小，造成走刀次数增多，底面加工质量差等现象，而得不偿失。

 思考练习

1. 在切削凹、凸圆弧时该怎样修调切削速度 v_f?
2. 刀具半径补偿指令 G41、G42 是如何规定的，选用它的作用是什么?

加工凹凸件 1

一、项目要求

(1) 能根据零件图的要求合理制凹凸件的加工工艺路线。

(2) 能合理选用刀具并合理确定切削参数和工件零点偏置。

(3) 能使用倒圆指令和旋转指令正确编制加工程序。

(4) 掌握铣削凹凸件的技能。

(5) 学会检测零件的精度，能分析和处理加工时出现的精度和其他质量问题。

二、相关知识

(1) 分析零件图。图 3-7-1 所示为凹凸件 1 的零件图和立体图。加工部分为 34 mm×34 mm

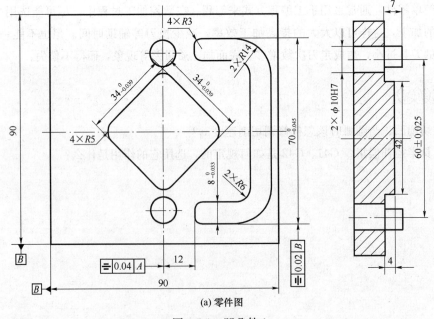

(a) 零件图

图 3-7-1　凹凸件 1

凸台、条形凸台和两个 ϕ10H7 的孔，加工时要保证 34 mm×34 mm 凸台、条形凸台和 ϕ10H7 孔的尺寸精度及对称度。零件毛坯为 90 mm×90 mm×30 mm 的方料。零件材料为 45 钢。

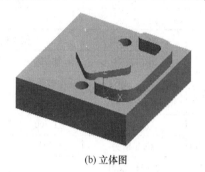

(b) 立体图

图 3-7-1　凹凸件 1（续）

（2）选择刀具及切削用量。根据粗、精加工分开、不同的轮廓采用不同的刀具加工，上图 XKZ06 在加工是需选用中心钻 A3、ϕ9.8 钻头、ϕ10H7 绞刀、ϕ10 三刃粗立铣刀、ϕ10 四刃精立铣刀。刀具及切削参数如表 3-7-1 所示。

表 3-7-1　刀具及切削参数

序号	刀具号	刀具类型	半径补偿值 D	主轴转速 n /(r/min)	进给速度 v_f/(mm/min)
1	T01	中心钻 A3		1 500	30
2	T02	ϕ9.8 钻头		700	50
3	T03	ϕ10H7 绞刀			
4	T04	ϕ10 三刃立铣刀	粗加工 D=5.3	600	100
5	T05	ϕ10 四刃立铣刀	半精加工 D=5.1	3 500	600
编制		审核		批准	

（3）制定工艺路线。

① 用平口虎钳装夹工件，伸出钳口 12 mm。

② 用 A3 中心钻定位加工 ϕ10H7 孔，ϕ9.8 钻头钻削 ϕ10H7 孔。

③ 用 ϕ10H7 绞刀绞削加工 ϕ10H7 孔。

④ 安装 ϕ10 三刃粗立铣刀并对刀，设定刀具参数，粗铣外矩形凸台与条形凸台，单边预留 0.5 mm 余量。

⑤ 安装 ϕ10 四刃精立铣刀并对刀，设定刀具参数，半精铣外矩形凸台与条形凸台，单边预留 0.1 mm 余量。

⑥ 测量工件尺寸，根据测量结果，调整刀具半径补偿值，重新执行程序精铣外矩形凸台与条形凸台零件，直至达到加工要求。

（4）填写工艺卡片。数控加工工艺卡片如表 3-7-2 所示。

表 3-7-2　数控加工工艺卡片

数控加工工序卡		产品名称		项目名称		零件图号	
工序号	程序编号	夹具名称		使用设备		车间	
		平口虎钳		加工中心（VM600 型）		数控实训中心	
工步号	工步内容	刀具号	刀具规格	主轴转速 n /(r/min)	进给速度 v_f/(mm/min)	背吃刀量 a_p/mm	备注
1	定位加工孔	T01	A3 中心钻	1 500	30		
2	钻削加工孔	T02	ϕ9.8 钻头	700	50		
3	绞削加工孔	T03	ϕ10H7 绞刀				
4	粗铣外矩形凸台	T04	ϕ10 三刃粗立铣刀	600	100		
5	粗铣条形凸台	T04	ϕ10 三刃粗立铣刀	600	100		
6	半精铣外矩形凸台	T05	ϕ10 四刃精立铣刀	3 500	600		
7	半精铣条形凸台	T05	ϕ10 四刃精立铣刀	3 500	600		
8	精铣外矩形凸台	T05	ϕ10 四刃精立铣刀	3 500	600		
9	精铣条形凸台	T05	ϕ10 四刃精立铣刀	3 500	600		
编制		审核		批准		共1页	第1页

三、项目实施

任务一　编制加工程序

粗铣和精铣使用同一个加工程序，通过调整刀具半径补偿值实现粗、半精加工和精加工。数控加工程序如表 3-7-3 所示。

表 3-7-3　数控加工程序单

项目序号		项目名称	挖槽加工 2	编程原点	工件的对称中心
程序号	O0001、O0002、O0003、O0004、O005		数控系统		FANUC 0i
程序内容			说　明		
O0001			加工定位孔		
N2 G54 G17 G40 G90 G80 G21 G69；			G54 坐标零点偏置		
N4 T01；			刀具号设定（A3 中心钻）		
N6 G00 G43 Z100 H01 M3 S1500；			建立刀具长度补偿，主轴正转，转速 1 500 r/min		
N8 X0 Y30；			刀具快速移动到第一钻孔位置		
N10 M8；			冷却液打开		
N12 G98 G81 X0 Y30 Z－5 R2 F30；			调用 G81 钻孔循环钻孔，深度 5 mm，进给速度 30 mm/min		
N14 X0 Y－30；			调用 G81 钻孔循环钻孔		
N16 G80；			取消钻孔循环		
N18 M5；			主轴停止		
N20 M9；			冷却液关闭		
N22 M30；			程序结束并返回程序开头		

项目序号		项目名称	挖槽加工 2	编程原点	工件的对称中心
程序号	O0001、O0002、O0003、O0004、O005		数控系统		FANUC 0i
程序内容			说	明	

程序内容	说明
O0002	加工 φ19.8 的孔
N2 G54 G17 G40 G90 G80 G21 G69；	G54 坐标零点偏置
N4 T02；	刀具号设定（直径 19.8 钻头）
N6 G00 G43 Z100 H02 M3 S400；	建立刀具长度补偿，主轴正转，转速 400r/min
N8 X0 Y30 M8；	刀具快速移动到第一钻孔点，冷却液打开
N10 G98 G73 X0 Y30 Z－30 R2 Q8 F50；	调用断屑钻循环钻孔，深度 30 mm，进给速度 50 mm/min
N12 X0 Y－30；	刀具快速移动到第二钻孔点调用钻孔循环
N14 G80；	取消钻孔循环
N16 M5；	主轴停止转动
N18 M9；	冷却液关闭
N20 M30；	程序结束并返回程序开头
O0003	φ10 mm 绞孔
N2 G54 G17 G40 G90 G80 G21 G69；	G54 坐标零点偏置
N4 T03；	刀具号设定（直径 10 绞刀）
N6 G00 G43 Z100 H03 M3 S100；	建立刀具长度补偿，主轴正转，转速 100 r/min
N8 X0 Y30 M8；	刀具快速移动到孔中心，冷却液打开
N10 G98 G85 X0 Y30 Z－30 R2 F60；	调用 G85 绞孔循环绞孔，深度 30 mm，进给速度 60 mm/min
N12 XO Y－30；	刀具快速移动到第二钻孔点调用绞孔循环
N14 G80；	取消绞孔循环
N16 G00 Z100；	刀具快速移动到安全高度 100 mm
N18 M5；	主轴停止转动
N20 M9；	冷却液关闭
N22 M30；	程序结束并返回程序开头
O0004	外矩形凸台
N2 G54 G17 G40 G90 G80 G21 G69；	G54 坐标零点偏置
N4 T04；	刀具号设定（φ10 三刃粗立铣刀）
N6 G00 G43 Z100 H04 M3 S600；	建立刀具长度补偿，主轴正转，转速 600 r/min
N8 G68 X0 Y0 R45；	建立旋转，坐标系旋转 45°
N10 X－25 Y0；	刀具快速移动到下刀点
N12 Z2 M8；	刀具快速移动到安全高度 2 mm，冷却液打开
N14 G1 Z－7 F20；	刀具下降到给定深度，进给速度 20 mm/min
N16 G41 G1 X－17 Y0 D04 F100；	建立左刀补并移动到指定位置，进给速度 100 mm/min
N18 G01 X－17 Y17，R5；	直线插补并倒圆角
N20 G01 X17 Y17，R5；	直线插补并倒圆角
N22 G01 X17 Y－17，R5；	直线插补并倒圆角

续表

项目序号		项目名称	挖槽加工 2	编程原点	工件的对称中心
程序号	O0001、O0002、O0003、O0004、O005		数控系统		FANUC 0i

程序内容	说　明
N20 G01 X−17 Y−17，R5；	直线插补并倒圆角
N22 G01 Y0；	直线插补
N24 G01 G40 X0 Y0；	取消刀具半径补偿
N26 G00 Z100；	刀具快速移动到安全高度 100 mm
N28 M9；	主轴停止转动
N30 M5；	冷却液关闭
N32 M30；	程序结束并返回程序开头
O0005	外矩形凸台
N2 G54 G17 G40 G90 G80 G21 G69；	G54 坐标零点偏置
N4 T04；	刀具号设定（ϕ10 三刃粗立铣刀）
N6 G00 G43 Z100 H05 M3 S450；	建立刀具长度补偿，主轴正转，转速 450 r/min
N8 X52 Y0；	刀具快速移动到下刀点
N10 Z2 M8；	刀具快速移动到安全高度 2 mm，冷却液打开
N12 G1 Z−7 F20；	刀具下降到给定深度，进给速度 20 mm/min
N14 G41 G1 X42 Y0 D04 F100；	建立左刀补并移动到指定位置，进给速度 100 mm/min
N16 G01 X42 Y−35，R14；	直线插补并倒圆角
N18 X12，R3；	直线插补并倒圆角
N20 Y−27，R3；	直线插补并倒圆角
N22 X34，R6；	直线插补并倒圆角
N24 Y27，R6；	直线插补并倒圆角
N26 X12，R3；	直线插补并倒圆角
N28 Y35，R3；	直线插补并倒圆角
N30 X42，R14；	直线插补并倒圆角
N32 Y0；	直线插补
N34 G01 G40 X52 Y0；	取消刀具半径补偿
N36 G0 Z100；	刀具快速移动到安全高度 100 mm
N38 M9；	主轴停止转动
N40 M5；	冷却液关闭
N42 M30；	程序结束并返回程序开头

注：若采用加工中心加工该工件，只需预先设定好刀具长度和半径值，采用刀库换刀。

任务二　零件的加工和检测

（1）工、量、刃具准备清单。零件工、量、刃具准备清单如表 3-7-4 所示。

表 3-7-4 工量刃具准备清单

序号	名称	规格	数量	备注
1	游标卡尺	0～150 mm	1把	
2	外测千分尺	50～75 mm	1把	
3	内测千分尺	50～75 mm	1把	
4	百分表及表座	0～10 mm	1套	
5	中心钻	A3	1支	
6	钻头	$\phi 9.8$	1支	
7	铰刀	$\phi 20H7$	1支	
8	三刃粗立铣刀	$\phi 16$	1支	
9	四刃精立铣刀	$\phi 10$	1支	
10	钻夹头刀柄		1套	
11	强力铣刀刀柄		1套	
12	普通铣刀刀柄		2套	
13	锉刀		1套	
14	夹紧工具		1套	
15		① 平口钳、垫块若干、刷子、油壶等;		
16	其他附具	② 函数型计算器;		
17		③ 其他常用辅具		
18	材 料	45♯钢，90 mm×90 mm×20 mm		
19	数控系统	SINUMERIK、FANUC 或华中 HNC 数控系统		

（2）输入程序、装夹工件、对刀并切削加工工件，注意加工尺寸与精度的控制，加工尺寸应达图样要求。

四、项目评价

零件加工结束后进行检测，对工件进行误差与质量分析，将结果写在项目实施评价表中，如表 3-7-5 所示。

表 3-7-5 项目实施评价表

评分表			项目序号	7	检测编号		
考核项目		考核要求		配分	评分标准	检测结果	得分
尺寸项目	1	$34-^0_{0.039}$	Ra3.2	8/2	超差不得分		
	2	$34-^0_{0.039}$	Ra3.2	8/2	超差不得分		
	3	$70-^0_{0.045}$	Ra3.2	8/2	超差不得分		
	4	$8-^0_{0.033}$	Ra3.2	8/2	超差不得分		
	5	60 ± 0.025	Ra1.6	8/2	超差不得分		
	6	$2\times\phi10H7$	Ra1.6	10/4	超差不得分		
	7						
	8						
	9						
	10						

评分表			项目序号	7	检测编号		
考核项目		考核要求		配分	评分标准	检测结果	得分
尺寸项目	1	4×R3	Ra3.2	4	超差不得分		
	2	4×R5	Ra3.2	4	超差不得分		
	3	2×R6	Ra3.2	2	超差不得分		
	4	2×R14	Ra3.2	2	超差不得分		
	5	12	Ra3.2	2	超差不得分		
	6	42	Ra3.2	2	超差不得分		
	7	7	Ra3.2	2	超差不得分		
	8	4	Ra3.2	2	超差不得分		
几何公差	1	⫽ 0.04 A		2	超差不得分		
	2	⫽ 0.02 B		5	超差不得分		
	3						
	4						
	5						
其他	1	安全生产		3	违反有关规定扣1~3分		
	2	文明生产		3	违反有关规定扣1~2分		
	3	按时完成			超时≤15 min 扣5分		
					超时>15~30 min 扣10分		
					超时>30 min 不计分		
总配分				100	总 分		

工时定额		120 min		监考		日期	
加工开始: 时 分		停工时间		加工时间	检测	日期	
加工结束: 时 分		停工原因		实际时间	评分	日期	

五、项目总结

在数控加工过程中，尽可能选用少的刀具完成轮廓的加工，这样可以大大的提高加工效率，减少换刀等辅助时间。但也不能一概而论，有时选用的刀具过小，造成走刀次数增多，底面加工质量差等现象，而得不偿失。

铣削加工时，应注意综合考虑下刀点位置，尤其时走刀空间较小的情况下，更加要考虑走刀路径，防止轮廓过切。

思考练习

1. 简述一个零件的完整加工步骤。

2. 旋转指令中的旋转角度是如何规定的？建立和取消旋转时需注意些什么？

加工凹凸件 2

一、项目要求

(1) 能根据零件图的要求合理制凹凸件的加工工艺路线。

(2) 能合理选用刀具并合理确定切削参数和工件零点偏置。

(3) 能使用倒圆指令和旋转指令正确编制加工程序。

(4) 掌握铣削凹凸件的技能。

(5) 学会检测零件的精度，能分析和处理加工时出现的精度和其他质量问题。

二、相关知识

(1) 分析零件图。图 3-8-1 所示为凹凸件 2 的零件图和立体图。该零件需要加工的部位较

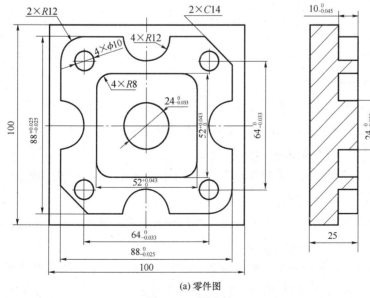

(a) 零件图

图 3-8-1　凹凸件 2

(b) 立体图

图 3-8-1　凹凸件 2（续）

多，加工部分有凸台、型腔和孔。$\phi24$ 圆台为岛屿铣削加工，在下刀时应注意下刀点位置，防止轮廓过切而报废。从零件图可知，各部分的加工精度均较高，因此应分粗、半精、精加工三个阶段完成轮廓的加工，并达到表面粗糙度要求。零件毛坯为 100 mm×100 mm×25 mm 的方料。零件材料为 45 钢。

（2）选择刀具及切削用量。根据粗、精加工分开，不同的轮廓采用不同的刀具加工，上图 XKZ06 在加工是需选用中心钻 A3、$\phi9.8$ 钻头、$\phi10H7$ 绞刀、$\phi10$ 三刃粗立铣刀、$\phi10$ 四刃精立铣刀。刀具及切削参数如表 3-8-1 所示。

表 3-8-1　刀具及切削参数

序号	刀具号	刀具类型	半径补偿值 D	主轴转速 n /(r/min)	进给速度 v_{f}/(mm/min)
1	T01	中心钻 A3		1 500	30
2	T02	$\phi9.8$ 钻头		700	50
3	T03	$\phi10H7$ 绞刀			
4	T04	$\phi10$ 三刃立铣刀	粗加工 $D=5.3$	600	100
5	T05	$\phi10$ 四刃立铣刀	半精加工 $D=5.1$	3 500	600
编制		审核		批准	

（3）制定工艺路线。

① 用平口虎钳装夹工件，伸出钳口 12 mm。

② 用 A3 中心钻定位加工 $\phi10H7$ 孔，$\phi9.8$ 钻头钻削 $\phi10H7$ 孔。

③ 用 $\phi10H7$ 绞刀绞削加工 $\phi10H7$ 孔。

④ 安装 $\phi10$ 三刃粗立铣刀并对刀，设定刀具参数，粗铣四方外轮廓、四方内轮廓和 $\phi24$ 圆台岛屿，单边预留 0.5 mm 余量。

⑤ 安装 $\phi10$ 四刃精立铣刀并对刀，设定刀具参数，半精加工四方外轮廓、四方内轮廓和 $\phi24$ 圆台岛屿，单边预留 0.1 mm 余量。

⑥ 测量工件尺寸，根据测量结果，调整刀具半径补偿值，重新执行程序精加工四方外轮廓、四方内轮廓和 $\phi24$ 圆台岛屿零件，直至达到加工要求。

（4）填写工艺卡片。数控加工工艺卡片如表 3-8-2 所示。

表 3-8-2 数控加工工艺卡片

数控加工工序卡		产品名称		项目名称		零件图号	
工序号	程序编号	夹具名称		使用设备		车间	
		平口虎钳		加工中心（VM600 型）		数控实训中心	
工步号	工步内容	刀具号	刀具规格	主轴转速 n /(r/min)	进给速度 v_f/(mm/min)	背吃刀量 a_p/mm	备注
1	定位加工孔	T01	A3 中心钻	1 500	30		
2	钻削加工孔	T02	ϕ9.8 钻头	700	50		
3	绞削加工孔	T03	ϕ10H7 绞刀				
4	粗铣四方外轮廓	T04	ϕ10 三刃粗立铣刀	600	100		
5	粗铣四方内轮廓	T04	ϕ10 三刃粗立铣刀	600	100		
6	粗铣 ϕ24 圆台岛屿	T04	ϕ10 三刃粗立铣刀	600	100		
7	半精铣四方外轮廓	T05	ϕ10 四刃精立铣刀	3 500	600		
8	半精铣四方内轮廓	T05	ϕ10 四刃精立铣刀	3 500	600		
9	半精铣 ϕ24 圆台岛屿	T05	ϕ10 四刃精立铣刀	3 500	600		
10	精铣四方外轮廓	T05	ϕ10 四刃精立铣刀	3 500	600		
11	精铣四方内轮廓	T05	ϕ10 四刃精立铣刀	3 500	600		
编制		审核		批准		共 1 页	第 1 页

三、项目实施

任务一 编制加工程序

粗铣和精铣使用同一个加工程序，通过调整刀具半径补偿值实现粗、半精加工和精加工。数控加工程序如表 3-8-3 所示。

表 3-8-3 数控加工程序单

项目序号		项目名称	挖槽加工 2	编程原点	工件的对称中心
程序号	O0001、O0002、O0003、O0004、O005、O006		数控系统		FANUC 0i
程序内容			说 明		
O0001			加工定位孔		
N2 G54 G17 G40 G90 G80 G21 G69；			G54 坐标零点偏置		
N4 T01；			刀具号设定（A3 中心钻）		
N6 G00 G43 Z100 H01 M3 S1500；			建立刀具长度补偿，主轴正转，转速 1 500 r/min		
N8 X32 Y32；			刀具快速移动到第一钻孔位置		
N10 M8；			冷却液打开		
N12 G98 G81 X32 Y32 Z−5 R2 F30；			调用 G81 钻孔循环钻孔，深度 5 mm，进给速度 30 mm/min		
N14 X32 Y−32；			调用 G81 钻孔循环钻孔		
N16 X−32 Y−32；					
N18 X−32 Y32；					
N20 G80；			取消钻孔循环		
N22 M5；			主轴停止		
N24 M9；			冷却液关闭		
N26 M30；			程序结束并返回程序开头		

续表

项目序号		项目名称	挖槽加工 2	编程原点	工件的对称中心
程序号	O0001、O0002、O0003、O0004、O005、O006			数控系统	FANUC 0i

程序内容	说　明
O0002	加工 $\phi 9.8$ 的孔
N2 G54 G17 G40 G90 G80 G21 G69;	G54 坐标零点偏置
N4 T02;	刀具号设定（直径 9.8 钻头）
N6 G00 G43 Z100 H02 M3 S700;	建立刀具长度补偿，主轴正转，转速 700 r/min
N8 X32 Y32 M8;	刀具快速移动到第一钻孔点，冷却液打开
N10 G98 G73 X32 Y32 Z－30 R2 Q8 F50;	调用断屑钻循环钻孔，深度 30 mm，进给速度 50 mm/min
N12 X32 Y－32;	
N14 X－32 Y－32;	
N16 X－32 Y32;	
N18 G80;	取消钻孔循环
N20 M5;	主轴停止转动
N22 M9;	冷却液关闭
N24 M30;	程序结束并返回程序开头
O0003	$\phi 10$ mm 绞孔
N2 G54 G17 G40 G90 G80 G21 G69;	G54 坐标零点偏置
N4 T03;	刀具号设定（直径 10 绞刀）
N6 G00 G43 Z100 H03 M3 S100;	建立刀具长度补偿，主轴正转，转速 100 r/min
N8 X32 Y32 M8;	刀具快速移动到孔中心，冷却液打开
N10 G98 G85 X32 Y32 Z－30 R2 F60;	调用 G85 绞孔循环绞孔，深度 30 mm，进给速度 60 mm/min
N12 X32 Y－32;	刀具快速移动到第二钻孔点调用绞孔循环
N14 X－32 Y－32;	
N16 X－32 Y32;	
N18 G80;	取消绞孔循环
N20 G00 Z100;	刀具快速移动到安全高度 100 mm
N22 M5;	主轴停止转动
N24 M9;	冷却液关闭
N26 M30;	程序结束并返回程序开头
O0004	四方外轮廓
N2 G54 G17 G40 G90 G80 G21 G69;	G54 坐标零点偏置
N4 T04;	刀具号设定（$\phi 10$ 三刃粗立铣刀）
N6 G00 G43 Z100 H04 M3 S600;	建立刀具长度补偿，主轴正转，转速 600 r/min
N8 X57 Y－50;	刀具快速移动到下刀点
N10 Z2 M8;	刀具快速移动到安全高度 2 mm，冷却液打开
N12 G1 Z－10 F20;	刀具下降到给定深度，进给速度 20 mm/min
N14 G41 G1 X50 Y－44 D04 F100;	建立左刀补并移动到指定位置，进给速度 100 mm/min
N16 X12;	直线插补
N18 G03 X－12 R12;	圆弧插补
N20 G01 X－44 Y－44, C14;	直线插补并倒直角
N22 Y－12;	直线插补
N24 G03 Y12 R12;	圆弧插补
N26 G01 Y44, R12;	直线插补并倒圆角
N28 G01 X－12;	直线插补
N30 G03 X12 R12;	圆弧插补

续表

项目序号		项目名称	挖槽加工 2	编程原点	工件的对称中心
程序号	O0001、O0002、O0003、O0004、O005、O006			数控系统	FANUC 0i
程序内容			说		明

程序内容	说 明
O0004	四方外轮廓
N32 G1 X44，C14；	直线插补并倒直角
N34 Y12；	直线插补
N36 G03 Y－12 R12；	圆弧插补
N38 G01 Y－44，R12；	直线插补并倒圆角
N40 X31；	直线插补
N42 G01 G40 X31 Y－57；	取消刀具半径补偿
N44 G00 Z100；	刀具快速移动到安全高度 100 mm
N46 M9；	主轴停止转动
N48 M5；	冷却液关闭
N50 M30；	程序结束并返回程序开头
O0005	四方内轮廓
N2 G54 G17 G40 G90 G80 G21 G69；	G54 坐标零点偏置
N4 T04；	刀具号设定（φ10 三刃粗立铣刀）
N6 G00 G43 Z100 H05 M3 S600；	建立刀具长度补偿，主轴正转，转速 600 r/min
N8 X20 Y0；	刀具快速移动到下刀点
N10 Z2 M8；	刀具快速移动到安全高度 2 mm，冷却液打开
N12 G1 Z－10 F20；	刀具下降到给定深度，进给速度 20 mm/min
N14 G41 G1 X26 Y0 D04 F100；	建立左刀补并移动到指定位置，进给速度 100 mm/min
N16 G01 X26 Y26，R8；	直线插补并倒圆角
N18 G01 X－26 Y26，R8；	直线插补并倒圆角
N20 G01 X－26 Y－26，R8；	直线插补并倒圆角
N22 G01 X26 Y－26，R8；	直线插补并倒圆角
N24 Y0；	直线插补
N26 G01 G40 X20 Y0；	取消刀具半径补偿
N28 G0 Z100；	刀具快速移动到安全高度 100 mm
N30 M9；	主轴停止转动
N32 M5；	冷却液关闭
N34 M30；	程序结束并返回程序开头
O0006	φ24 圆台
N2 G54 G17 G40 G90 G80 G21 G69；	G54 坐标零点偏置
N4 T04；	刀具号设定（φ10 三刃粗立铣刀）
N6 G00 G43 Z100 H05 M3 S600；	建立刀具长度补偿，主轴正转，转速 600 r/min
N8 X20 Y0；	刀具快速移动到下刀点
N10 Z2 M8；	刀具快速移动到安全高度 2 mm，冷却液打开
N12 G01 Z－10 F20；	刀具下降到给定深度，进给速度 20 mm/min
N14 G41 G1 X12 Y0 D04 F100；	建立左刀补并移动到指定位置，进给速度 100 mm/min
N16 G02 I－12 J0；	圆弧插补
N18 G40 X20 Y0；	取消刀具半径补偿
N20 G0 Z100；	刀具快速移动到安全高度 100 mm
N22 M9；	主轴停止转动
N24 M5；	冷却液关闭
N26 M30；	程序结束并返回程序开头

注：若采用加工中心加工该工件，只需预先设定好刀具长度和半径值，采用刀库换刀。

任务二　零件的加工和检测

（1）工、量、刃具准备清单。零件工、量、刃具准备清单如表 3-8-4 所示。

表 3-8-4　工量刃具准备清单

序号	名称	规格	数量	备注
1	游标卡尺	0～150 mm	1把	
2	外测千分尺	50～75 mm	1把	
3	内测千分尺	50～75 mm	1把	
4	百分表及表座	0～10 mm	1套	
5	中心钻	A3	1支	
6	钻头	$\phi 9.8$	1支	
7	铰刀	$\phi 20 H7$	1支	
8	三刃粗立铣刀	$\phi 16$	1支	
9	四刃精立铣刀	$\phi 10$	1支	
10	钻夹头刀柄		1套	
11	强力铣刀刀柄		1套	
12	普通铣刀刀柄		2套	
13	锉刀		1套	
14	夹紧工具		1套	
15	其他附具	① 平口钳、垫块若干、刷子、油壶等；		
16		② 函数型计算器；		
17		③ 其他常用辅具		
18	材　料	45♯钢，90 mm×90 mm×20 mm		
19	数控系统	SINUMERIK、FANUC 或华中 HNC 数控系统		

（2）输入程序、装夹工件、对刀并切削加工工件，注意加工尺寸与精度的控制，加工尺寸应达图样要求。

四、项目评价

零件加工结束后进行检测，对工件进行误差与质量分析，将结果写在项目实施评价表中，如表 3-8-5 所示。

表 3-8-5　项目实施评价表

评分表		项目序号	8		检测编号		
考核项目		考核要求		配分	评分标准	检测结果	得分
尺寸项目	1	$88^{-0}_{-0.025}$　　$Ra3.2$		7/2	超差不得分		
	2	$88\pm^{0.025}_{0.025}$　$Ra3.2$		7/2	超差不得分		
	3	$64^{-0}_{-0.033}$　　$Ra3.2$		7/2	超差不得分		
	4	$64^{-0}_{-0.033}$　　$Ra3.2$		7/2	超差不得分		
	5	$52^{+0.043}_{0}$　　$Ra3.2$		7/2	超差不得分		
	6	$52^{+0.043}_{0}$　　$Ra3.2$		7/2	超差不得分		
	7	$4\times\phi 10$　　$Ra3.2$		4/4	超差不得分		
	8	$24^{-0}_{-0.033}$　　$Ra3.2$		7/2	超差不得分		
	9						
	10						

评分表		项目序号	8	检测编号			
考核项目		考核要求		配分	评分标准	检测结果	得分
尺寸项目	1	$10-_{0.045}^{0}$　　　　$Ra3.2$		2/2	超差不得分		
	2	$2\times R12$　　　　$Ra3.2$		2/2	超差不得分		
	3	$2\times C14$　　　　$Ra3.2$		2/2	超差不得分		
	4	$4\times R12$　　　　$Ra3.2$		4/4	超差不得分		
	5						
	6						
	7						
	8						
几何公差	1	⟦= 0.04 A⟧		3	超差不得分		
	2	⟦= 0.04 B⟧		3	超差不得分		
	3						
	4						
	5						
其他	1	安全生产		3	违反有关规定扣1～3分		
	2	文明生产		2	违反有关规定扣1～2分		
	3	按时完成			超时≤15 min 扣5分		
					超时>15～30 min 扣10分		
					超时>30 min 不计分		
总配分				100	总　分		
工时定额			180 min	监考		日期	
加工开始：　时　分		停工时间		加工时间	检测	日期	
加工结束：　时　分		停工原因		实际时间	评分	日期	

五、项目总结

在数控加工过程中，尽可能选用少的刀具完成轮廓的加工，这样可以大大的提高加工效率，减少换刀等辅助时间。但也不能一概而论，有时选用的刀具过小，造成走刀次数增多，底面加工质量差等现象，而得不偿失。现代数控系统一般都具有刀具补偿功能，根据工件轮廓尺寸编制的加工程序以及预先存放在数控系统中的刀具中心偏移量，系统自动计算刀具中心轨迹，并控制刀具进行加工。如果没有刀具半径补偿功能，当刀具因更换或磨损等而改变半径造成刀具中心产生偏移量时，都要重新编制新的加工程序，这将极其烦琐，大大影响加工效率。而现在具有刀具半径补偿功能，只需调整刀具半径补偿量就可以完成零件的粗、精加工，大大的简化程序的编制和操作者的劳动强度。

思考练习

1. 使用刀具半径补偿时有哪些注意事项？
2. 如何保证尺寸精度和零件轮廓完整性？
3. 叙述该零件的完整加工步骤。

笔 记 栏

笔记栏